梯级水电站
洪水预报调度系统

李匡　刘舒　等　著

中国水利水电出版社
www.waterpub.com.cn
·北京·

内 容 提 要

本书分析了梯级水电站洪水预报调度的特点，设计开发了梯级水电站洪水预报调度系统。详细介绍了系统的各项关键技术和操作界面，包括模型库、预报方案构建、模型参数率定、水位预报技术、误差校正技术、实时洪水预报、洪水调度、预报调度耦合技术等。

全书共分为10章。由理论到应用实践，较为翔实地介绍了系统各项功能的关键技术、数据库表设计、系统界面开发等，并举例演示了部分功能。可供洪水预报调度专业的科研人员、大学教师和相关专业的研究生，以及从事水电站洪水预报调度的技术及管理人员参考。

图书在版编目（ＣＩＰ）数据

梯级水电站洪水预报调度系统 / 李匡等著. -- 北京：
中国水利水电出版社，2020.1
ISBN 978-7-5170-8377-1

Ⅰ．①梯… Ⅱ．①李… Ⅲ．①梯级水电站－洪水预报
系统－研究 Ⅳ．①TV74

中国版本图书馆CIP数据核字(2020)第021891号

书　　名	梯级水电站洪水预报调度系统 TIJI SHUIDIANZHAN HONGSHUI YUBAO DIAODU XITONG
作　　者	李匡　刘舒　等 著
出版发行	中国水利水电出版社 （北京市海淀区玉渊潭南路 1 号 D 座　100038） 网址：www. waterpub. com. cn E - mail：sales@waterpub. com. cn 电话：(010) 68367658（营销中心）
经　　售	北京科水图书销售中心（零售） 电话：(010) 88383994、63202643、68545874 全国各地新华书店和相关出版物销售网点
排　　版	中国水利水电出版社微机排版中心
印　　刷	清淞永业（天津）印刷有限公司
规　　格	184mm×260mm　16 开本　13 印张　308 千字
版　　次	2020 年 1 月第 1 版　2020 年 1 月第 1 次印刷
定　　价	**68.00 元**

前 言

　　梯级水电站是我国水电开发的一种重要方式。梯级水电站所在流域面积大、预报任务多、下垫面条件复杂、各电站之间具有水力联系，预报调度相互耦合。同时水电站建设经历规划期、施工期、运行期的转变，预报方案转变频繁。洪水预报调度对水电站的安全运行、水资源高效利用等具有重要意义，鉴于以上需求，设计开发一套通用的梯级水电站洪水预报调度系统具有重要的生产实践意义。

　　本书依据梯级水电站洪水预报调度特点设计了以模型库、预报方案构建为技术核心、交互式预报调度为功能核心，数据展示为辅助功能，数据库为支撑的洪水预报调度系统。介绍了系统开发设计的关键技术——数据库表结构设计及功能设计。对预报调度中的关键技术——模型库、方案构建、预报调度耦合、模型参数率定、洪水预报、洪水调度、水位预报、误差修正等进行了详细介绍。

　　本书共分 10 章：第 1 章是系统总体设计，介绍研究背景，系统总框架、总体功能等，主要由李匡、刘舒撰写。第 2 章是模型库，包括模型库构建、管理、子系统设计开发等，主要由李匡、刘舒撰写。第 3 章是洪水预报方案构建，包括预报流程、方案构建、方案转换、子系统设计开发等，由李匡、刘伟撰写。第 4 章是模型参数率定，介绍参数率定方法、子系统设计开发等，由李匡、刘业森撰写。第 5 章是水位预报，介绍系统中的水位预报方法及其适用条件，由李匡、梁犁丽撰写。第 6 章是实时洪水预报，介绍系统中实时洪水预报子系统相关功能及操作，由李匡、刘伟撰写。第 7 章是洪水调度，介绍相关理论、计算方法、步骤以及系统设计等，由李匡、刘可新撰写；第 8 章是误差修正，介绍 ISVC 和系统响应修正方法，由刘可新、李匡撰写；第 9 章是系统其他功能介绍，包括数据采集、数据展示、系统设置等，由徐海卿、李匡撰写。第 10 章介绍了系统应用，主要介绍了典型应用案例，由李匡、梁犁丽、徐海卿、刘可新撰写。全书由梁犁丽、刘可新统稿校核，并由李匡最后审定。

本书研究工作得到了"十三五"国家重点研发计划课题（编号：2017YFC0405804）、"深圳河湾片区城市洪涝模型研究与应用"以及国家重点研发计划相关课题（编号：2016YFC0803107、2018YFC0406406、2018YFC0406404）项目的资助。

在上述项目研究以及本书的编写过程中，中国水利水电科学研究院胡宇丰教高、陆玉忠教高、朱星明教高、李纪人教授，雅砻江流域水电开发有限公司朱成涛高工，湖北清江水电开发有限责任公司马安国高工等给予了较大帮助，雅砻江流域水电开发有限公司、湖北清江水电开发有限责任公司、丰满水电厂等提供了数据及系统运行的资料，在此向他们表示诚挚的谢意！

由于研究本身的复杂性，加之时间仓促和受水平所限，书中错漏之处敬请批评指正。

作者

2019 年 11 月

目 录

第1章

系 统 总 体 设 计

1.1　概述

洪水预报调度系统[1]是水电站安全平稳运行的重要决策支持系统。我国水力资源丰富,规划有十三大水电基地,各基地的水电资源开发大多以梯级水电站的方式进行。例如:金沙江干流水电基地规划"一库八级"开发方案,金沙江下游段规划 4 级开发方案,雅砻江干流水电基地规划开发方案为 11 个梯级水电站,澜沧江干流水电基地规划为"二库八级"开发方案,大渡河干流水电基地规划为 22 级开发方案,怒江干流水电基地规划为"两库十三级"方案,黄河上游水电基地规划为 25 级开发方案,南盘江红水河水电基地规划为 11 个梯级水电站,乌江水电基地规划为 12 级开发方案,黄河北干流水电基地规划为 6 个梯级[2]。

除了十三大水电基地以外,我国其余河流上的水电开发也大都采用梯级水电站的方式。由于水电开发的复杂性,梯级水电站一般采用逐级开发的方式,水电站建设经历规划期、施工期、运行期的转变,各阶段的预报任务及预报方法并不相同。同时,水电站建设期的变化会造成流域下垫面条件、河道汇流条件、上下游水力联系条件的改变等,因此,梯级电站的洪水预报调度相当复杂,具有以下特点:

(1) 流域面积大,预报模型多。梯级水电站的流域面积往往较大,流域内水文气象、下垫面条件有着明显差异,例如雅砻江流域面积 13.6 万 km^2,南北跨越 7 个纬度,流域内地形地势变化悬殊,自然景观在南北及垂直两个方向上具有明显的差异,流域内有高原、峡谷、盆地、草甸、森林等;多年平均年降水量为 500~2470mm,分布趋势由北向南递增。流域内既有半干旱地区,也有湿润地区。而大部分水文模型具有一定的适用性,例如新安江模型[3]适用于湿润半湿润地区,不适用于干旱半干旱地区。即使模型适用于所有地区,其在不同地区的模型结构也不相同,例如水箱模型[4]理论上适用于湿润、干旱地区,但是其在应用时模型的组成结构并不相同。因此,对于大流域梯级水电站,其洪水预报模型应根据流域内条件具体选择,往往需要多种模型组合才能满足其洪水预报需求。

(2) 预报任务多。梯级水电站洪水预报不仅要预报断面流量,还需预报断面水位。对于施工期水电站，需要预报各施工断面施工水尺，为安全施工提供决策支持；对于运行期水电站，需要预报库水位，以指导水库安全运行、发电计划制作等。

（3）预报任务变化快。梯级水电站建设通常采用逐级开发的形式，同一时刻，流域上的水电站处于不同的建设阶段。而随着施工水平的增强，水电站建设的周期也相应变短，少则 3～5 年，水电站便会经历从规划期、施工期、运行期的转变。不同阶段的预报任务是不同的，所采用的预报方法也是不同的。因此，预报方案也要随着预报任务的改变而调整。

（4）流域条件变化大。梯级水电站流域变化体现在以下两个方面：

1）流域内测站变化较多，梯级水电站流域面积大，其水情自动测报系统通常也分多期建设，另外，在系统运行过程中，也会对测站进行站点优化，因此，其流域内雨量、水位、蒸发等测站是经常变化的；同时由于水电站的建设，原有测站可能会被形成的水电站水库淹没，需要拆除或者移址。

2）水电站建设造成水力条件的变化，水电站建成后，形成的水电站水库会造成流域直接产流面积增加、流域汇流时间变短、洪峰提前、洪量更为集中等，同时由于水电站水库的调蓄作用，其向下游断面汇流的流量为水电站的出库流量。

（5）预报调度互相耦合。洪水预报是洪水调度的前提，而洪水调度又为下一级断面提供入流来源。梯级水电站洪水预报调度是逐级进行的过程，即先预报出最上游水电站的入库流量，进行洪水调度后，将出库流量演算至下游水电站断面，再加上两级水电站之前区间面积产生的流量，即得到下一级水电站的入库流量。因此，梯级水电站洪水预报与洪水调度是相互耦合的，在编制预报方案，开发预报调度系统时要考虑此特点。

1.2 系统目标

梯级水电站洪水预报调度的特点为洪水预报调度系统提出了以下目标：

（1）系统必须具有模型库，模型库中包含多种模型，以适应不同条件下预报调度的需求。

（2）系统应具有预报方案构建功能。预报方案的构建包括对流域的离散化、预报断面概化、预报模型设置等功能，预报方案的构建必须灵活易操作，以适应梯级电站建设阶段变化的需求。

（3）系统应具有模型参数率定功能。模型参数率定以自动率定为主，并可以进行人工修正。

（4）系统应具有实时洪水预报的功能。实时洪水预报应具有较强的交互性，便于用户进行交互式洪水预报，应具有流量、水位的预报功能，以满足多种预报任务的需求。

（5）系统应具有洪水预报调度耦合的功能。梯级电站洪水预报调度是相互关联的，应能实现预报调度的耦合计算。

（6）系统应具有成果查询及统计功能。用户可查询洪水预报、洪水调度成果，并对预报成果进行精度统计等。

（7）系统应具有自管理功能。包括用户管理、数据库管理、系统设置等。

1.3 系统总体框架

系统设计选择客户机/服务器（C/S）体系结构。服务器端部署数据库服务器，用于存储雨水情数据、工情数据、空间数据、模型数据、成果数据等，提供数据管理、数据共享、系统维护等服务，同时部署数据采集、定时预报等实时运行系统；客户端部署系统主程序，提供友好、简洁的操作界面，供系统使用人员日常操作使用。系统的总体逻辑结构框架分为应用层、业务层和数据层。应用层是系统与值班人员和系统管理员进行交互会话；业务层封装了集成系统的各个具体业务流程，通过将过程和业务规则应用于相关数据来实现用户的业务请求；数据层主要是对各种水雨工情数据、模型、方法、知识、图形、空间信息等进行数据管理。系统的总体逻辑结构框架如图1.1所示。

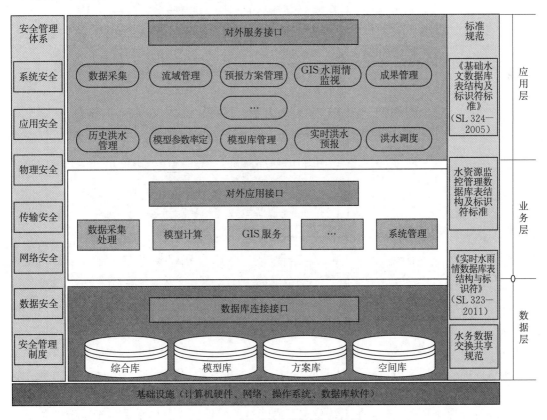

图 1.1 系统总体逻辑结构框架图

（1）数据层。数据层存储和管理业务层和应用层各子系统共用的所有数据。数据存储方式采用大型商业型数据库 Oracle、SqlServer、MySQL 等。按照数据所对应业务的不同，将数据层分为以下数据库集合。

1）综合库：存储雨水情信息、工情信息、预报成果、洪水调度成果等。

2）模型库：存储计算模型及相关设置信息等。

3）方案库：存储流域离散化信息、预报方案信息等。

4）空间库：存储 GIS 相关数据信息等。

（2）业务层。业务层是对系统业务流程的提炼和梳理，集成了系统的各个具体业务流程，是应用层和数据层之间的连接层。应用层通过集成、调用业务层实现系统功能，业务层访问数据层获取相关数据。业务层集成了预报方案制作、洪水预报、洪水调度、成果发布、系统管理等相关业务的核心模块。核心模块包括数据采集处理、数据查询服务、系统权限管理服务、模型计算、GIS 服务、相关实用模块等。系统业务流程框架如图 1.2 所示。

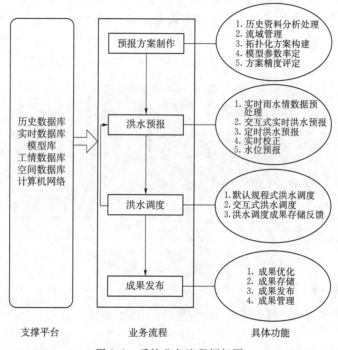

图 1.2 系统业务流程框架图

（3）应用层。应用层是系统使用人员与系统之间的交互层。应用层中布设系统的各项业务程序，用户对程序进行人机交互操作，以实现相应的业务功能。系统的业务应用模块主要包括 GIS 水雨情监视、水雨情信息查询、预报方案管理、历史洪水管理、模型参数率定、流域管理、模型库管理、实时洪水预报、洪水调度、成果管理、用户管理、系统管理、数据库管理等。

（4）安全管理体系。安全是系统稳定可靠运行的前提，安全体系贯穿于系统的各个分层，包括硬件基础设置、数据层、业务层、应用层等。主要包括局域网设备的安全、数据库安全、网络环境的安全、系统操作的安全、系统运行的安全等。采用以下技术实现系统的安全运行：

1）关键部位（如数据库服务器）采用双机互备应用方案，保证快速的故障恢复和追求更高的系统容错处理能力。

2）对于系统用户，划分不同的用户级别并设置相应的访问和操作权限，以防止用户对于系统的误操作，保障系统的数据安全和保密。

3）洪水预报调度系统运行在安全Ⅱ区，与安全Ⅲ区进行数据交互时，必须通过隔离设备对数据进行保护。Ⅲ区用于 Web 发布的网络必须加装防火墙与外围分隔。

4）严格执行系统运行安全管理制度，经常对程序和数据进行备份；备份与恢复设计，首先要建立对系统内部软件和数据的定期备份制度。对各类实时数据等经常更新的动态数据，备份时间间隔应该较短（如 12h 或 24h），对批量更新类数据的备份时间间隔可适当延长（如 1 周或 1 个月），而对历史类数据则可以取更长的时间间隔（如 1 个季度或半年）。备份时要尽可能选择不同的存储介质，应保存在不同的地点，以避免灾害性备份资料毁损。备份方式采用完全备份和阶段备份。

5）建立系统运行日志。联机日志自动记录系统运行的异常现象（如读写数据故障、应用模块出错等）；手记日志由值班人员按操作规程要求进行登记，记录系统运行时明显的异常或故障现象，以便于分析故障原因和快速恢复系统运行。

1.4　系统软件环境

（1）服务器端操作系统采用 Windows Server 2008 及以上版本。

（2）数据库采用 Oracle 10.0 及以上版本，SQLServer 2010 及以上版本，MySQL 等。

（3）客户端操作系统采用 Windows 7 及以上版本。

（4）开发工具：Microsoft Visual Studio .NET /VB. NET、MapInfo Professional、MapX。

1.5　系统总体功能

洪水预报调度系统分为服务器端程序和客户端程序。服务器端运行数据采集处理、自动预报程序等。服务器端程序实时不间断运行，一般不需要用户干预交互。客户端程序是供用户交互使用的，以图形、表格等形式展示所查询结果、计算成果等。客户端程序界面友好，交互方便，所见即所得，显示数据能输出到 Excel，保存成图片等。主要分为信息查询展示、预报方案制作、洪水预报调度、系统管理等子系统，每个子系统包含若干窗体界面，分别实现不同的功能。各子系统主要功能及与数据库交互关系如图1.3 所示。

系统各功能简介如下：

（1）数据采集处理。系统自动实时从水情自动测报系统、气象预报系统中采集雨量、水位、流量、实时气象数据、预报降雨量等信息，并处理成时段雨量、实时水位、实时流量等数据写入数据库中，供实时洪水预报调度使用。

（2）自动预报程序。自动预报程序部署在服务器上，按照设定好的预报时间、预报方案自动进行洪水预报，并将预报成果保存至数据库。

（3）信息查询展示。查询展示流域雨水情信息，包括流域雨量、水位、流量、蒸发量、气象信息等。分为 GIS 雨水情展示、水位流量过程线、雨量柱状图、雨洪对应图等。

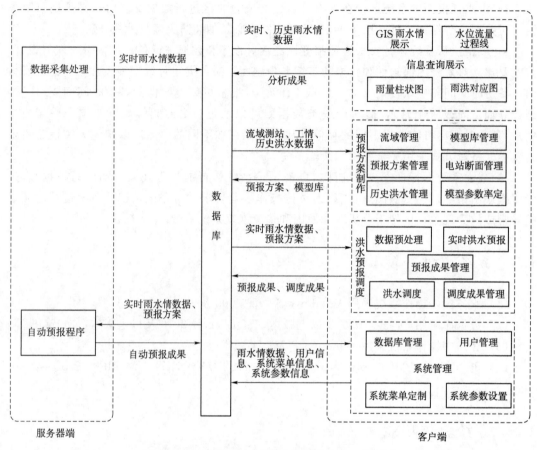

图 1.3　各子系统主要功能及与数据库交互关系图

（4）预报方案制作。包括流域管理、模型库管理、预报方案管理、电站断面管理、历史洪水管理、模型参数率定等子程序。用户通过此功能群可实现预报方案的构建、修改等。

（5）洪水预报调度。包括数据预处理、实时洪水预报、预报成果管理、洪水调度、调度成果管理等。通过此功能群可实现对梯级电站的实时洪水预报、洪水调度及精度评定等。

（6）系统管理。包括数据库管理、用户管理、系统菜单定制、系统参数设置等系统辅助功能。

第 2 章

模　型　库

模型库是洪水预报调度系统的核心。模型库是将众多的模型按照一定的结构形式组织起来，通过模型库管理系统对各个模型进行有效的管理和使用。模型库是一个共享资源，模型库中的模型可以重复被不同的系统使用[1]。

2.1　模型简介

模型库中的模型包括产流模型、汇流模型、产汇流模型、实时校正模型、水位预报模型、洪水调度模型等见表 2.1。

表 2.1 模型汇总表

模型类型	模型名称	模型标识
产流模型	蓄满产流模型	IWHR－SMS
	超渗产流模型	IWHR－RGE
汇流模型	滞后演算法	IWHR－CS
	Nash 单位线法	IWHR－Nash
	马斯京根法	IWHR－MUS
	无因次单位线	IWHR－UL
	一维水动力学模型	IWHR－OneHyd
产汇流模型	新安江模型	IWHR－XAJ
	水箱模型	IWHR－Tank
	改进的新安江模型	IWHR－ProXAJ
	降雨径流相关图模型	IWHR－API
实时校正模型	自回归模型	IWHR－AR
	反馈模拟法	IWHR－FeedBack
	ISVC 方法	IWHR－ISVC
	系统响应曲线法	IWHR－DSRC
水位预报模型	水位系数法	IWHR－SWXS
	调洪演算法	IWHR－THYS
洪水调度模型	调洪演算法	IWHR－THYS

2.1.1　产流模型

降雨扣除蒸发、下渗、植物截留、填洼等损失后，剩余部分称为净雨。降雨转化为净雨的过程称为产流过程。净雨在数量上等于它所形成的径流量。目前一般将径流划分为地表径流、壤中流和地下径流三部分。由于流域的下垫面、气候等条件的不同，导致流域降雨产流机制的不同，一般分为蓄满产流和超渗产流两种基本模式。

2.1.2　汇流模型

在进行流域洪水预报计算时，往往根据流域的下垫面条件、子流域的特性将流域划分为若干个计算单元。流域汇流分为三个部分，分别是坡面汇流、河网汇流、河道汇流。坡面汇流是指产流从坡地流入河道的过程，包括地表径流、壤中流和地下径流汇流。地表径流汇流速度快，时间可以忽略不计，直接进入河道；壤中流和地下径流受水力调蓄的影响，汇流时间较长，一般采用线性水库计算。河网汇流是指产流进入河道，沿河网汇集到单元出口的过程，受河网调蓄作用的影响，计算方法常采用滞后演算法、经验单位线等。河道汇流是指流量从单元出口演算到流域出口的过程，计算方法采用经验单位线、马斯京根法、Nash 单位线法等。

2.1.3　产汇流模型

产汇流模型是人们基于对洪水预报产汇流规律的认识，提出的水文过程数学计算模型。主要分为概念性模型和物理性模型。概念性模型[5]利用一些简单的物理概念和经验公式，如下渗曲线、汇流单位线、蒸发公式或者有物理意义的结构单元，如线性水库、线性河段等，组成一个系统来近似地描述流域的水文过程。模型的参数没有明确的物理意义，需要通过历史水文资料来率定。代表性模型有新安江模型、水箱模型、改进的新安江模型、降雨径流相关图模型等。物理性模型[5]依据水流的连续方程和动量方程来求解水流在流域的时间和空间的变化规律，代表性模型有 SHE 模型、DBSIN 模型等。物理性模型对产汇流规律的刻画更为客观细致，但是对下垫面、地形等资料要求更高。目前在实际中广泛应用的是概念性模型。

2.1.4　实时校正模型

实时校正[6]是利用预报时刻前一段时间的实测水雨情信息对预报结果进行校正，以提高预报精度。按照校正对象的不同，可分为直接校正和溯源校正。直接校正是指直接对预报结果进行校正，校正方法有自回归模型[6]、反馈模拟法[7]等；溯源校正是指对造成预报误差的原因进行校正，例如对状态变量初值的校正、对降雨量的校正等，溯源校正的方法有 ISVC 方法[8]、系统响应曲线法[9]、雨量抗差估计理论[10]等。

2.1.5　水位预报模型

水位预报是洪水预报中的一项重要内容，相比较流量，水位更加直观，因而水位预报对于防汛信息发布、安全施工等具有重要意义。对于天然河道型断面，水位可以直接采用预报流量查水位流量关系曲线进行预报；对于施工期水电站施工水尺预报，可以采用水位系数法[11]和调洪演算法[12]；对于运行期水电站，库水位的预报常采用调洪演算法。

2.1.6　洪水调度模型

梯级水电站洪水预报调度中一个重要的问题是水电站水库对洪水的调蓄作用。由于水库的调蓄，使得出库流量不等于入库流量，因而要计算出库流量，向下游断面演算。常用的出库流量预报计算方法是调洪演算法。

2.2　模型信息管理

模型采用 DLL（Dynamic Link Library）动态链接库文件，采用动态链接库可方便用户对于模型库的管理，增加、替换、删除模型均很方便。模型 DLL 开发语言是 C++。系统中开发了模型库管理子程序，用户可以对模型库进行相应的设置。相关设置的参数存放在数据库中的模型信息表（ST_FMINF_B）及模型参数表（ST_FMPARA_B）中。

模型信息表（ST_FMINF_B）结构见表 2.2。

表 2.2　　　　　　　　　　模型信息表（ST_FMINF_B）结构

字段名	字段说明	类型	字段长度	小数位数	是否为空	是否主键
FMTP	模型类型	char	2		N	Y
FMCD	模型编码	char	2		N	Y
FMNM	模型名称	nvarchar	50		N	
FMDLLNM	DLL 名称	nvarchar	50		N	
FMDLLDIR	DLL 地址	nvarchar	200		N	
BACK	备注	nvarchar	50			

注　FMTP：01—产汇流模型，02—产流模型，03—汇流模型，04—实时校正模型，05—水位预报模型，06—洪水调度模型；FMCD：两位数字，从 01 开始；FMNM：模型中文名称；FMDLLNM：模型英文名称；FMDLL-DR：模型存在位置；BACK：模型描述信息。

在模型库管理系统的模型信息管理界面可以配置模型信息，输入模型类型、模型编码、模型名称、DLL 名称、DLL 目录、模型描述等信息，点击增加、保存，即可将其保存至数据库中。模型信息管理界面如图 2.1 所示。

图 2.1　模型信息管理界面图

2.3　模型参数管理

各模型的相关参数信息存放在模型参数表（ST_FMPARA_B）中，其表结构见表 2.3，包括参数序号、推荐值、最小值、最大值等。模型参数表主要为预报方案中模型参数自动率定服务，根据最小值、最大值给定参数的取值范围，对于不需要率定的模型参数采用推荐值。

表 2.3　　　　　　　　模型参数表（ST_FMPARA_B）结构

字段名	字段说明	类型	字段长度	小数位数	是否为空	是否主键
FMTP	模型类型	char	10		N	Y
FMCD	模型编码	char	2		N	Y
PARAINDEX	参数序号	int			N	Y
PARADEF	推荐值	nvarchar	50		N	
PARAMIN	最小值	nvarchar	50			
PARAMAX	最大值	nvarchar	50			
PARADESC	参数描述	nvarchar	200			

注　FMTP、FMCD 与 ST_FMINF_B 对应；PARAINDEX：参数序号，从 1 开始的整数，参数序号必须与 DLL 中参数序号保持一致。

模型参数管理界面如图 2.2 所示。

图 2.2　模型参数管理界面图

2.4 预报模型标识

对于同一个预报模型，由于参数建立时间、计算时段长、洪水类型等不同，对应的参数值也是不同的，因此在系统中采用预报模型标识对此进行区分。预报模型标识＝模型类型＋模型编码＋建立年份＋计算时段长＋洪水类型，是长度为 10 位字符的字符串。预报模型标识表（ST_FMID_B）结构见表 2.4。

表 2.4　　　　　　　　　预报模型标识表（ST_FMID_B）结构

字段名	字段说明	类型	字段长度	小数位数	是否为空	是否主键
FMID	预报模型标识	char	10		N	Y
FMCD	模型编码	char	2		N	Y
PTM	参数建立时间	datetime			N	
FTP	洪水类型	char	2		N	
DR	时段长（分钟）	char	2		N	
BACK	备注	nvarchar	50			

注　FMCD 与 ST_FMINF_B 中相同；PTM：截止到年份；FTP：01—特大洪水，02—大洪水，03—中等洪水，04—小洪水；DR：01—30 分钟，02—60 分钟，03—180 分钟，04—1440 分钟。

模型库管理—预报模型标识管理界面如图 2.3 所示。其中"修改"按钮可对整个系统中所有涉及 FMID 的数据库表进行修改。

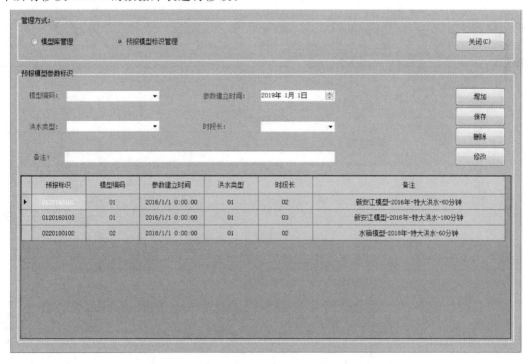

图 2.3　模型库管理—预报模型标识管理界面图

2.5　模型接口

各模型接口采用标准化的形式,用户按照要求模型接口的形式定义模型函数,编写模型,生成动态链接库即可添加到模型库中。

2.5.1　产汇流模型及产流模型

产汇流及产流模型的接口形式为(以新安江模型为例)

$$IWHR - XAJ(Par(),\ W(),\ Area,\ DT,\ P,\ E,\ Q)$$

Par()和 W()均为一维数组,数组大小由模型决定,分别存放模型参数以及状态变量初值,Par()中的参数顺序与表 ST_FMPARA_B 中一致;Area 为计算流域集雨面积;DT为计算时段长;P 为时段降雨量;E 为时段蒸发量;Q 为时段末计算流量。其中 Par()、W()、Area、DT、P、E 为输入,Q 为输出,W()会随着计算而改变,因此既为输入也为输出。模型接口变量说明见表 2.5。

表 2.5　　　　　　　　　　产汇流模型、产流模型接口变量说明表

变量	类型	大小	输入 I \ 输出 O	内　容
Par	实型变量	N	I	模型参数
W	实型变量	N	I \ O	状态变量初值
Area	实型变量	1	I	集雨面积（km^2）
DT	实型变量	1	I	计算时段长（分钟）
P	实型变量	1	I	时段降雨量（mm）
E	实型变量	1	I	时段蒸发量（mm）
Q	实型变量	1	O	时段末计算流量（m^3/s）

新安江模型参数说明见表 2.6。

表 2.6　　　　　　　　　　　　新安江模型参数说明表

参数序号	参数名称	说　　明
1	K	蒸散发能力折算系数
2	UM	上层张力水容量
3	LM	下层张力水容量
4	C	深层蒸散发系数
5	WM	流域平均张力水容量
6	B	流域张力水蓄水容量分布曲线的指数
7	IM	不透水面积比例
8	SM	流域平均自由水容量
9	EX	流域自由水蓄水容量分布曲线指数
10	KG	地下径流出流系数
11	KI	壤中流出流系数

参数序号	参数名称	说　明
12	CG	地下径流消退系数
13	CI	壤中流消退系数

新安江模型状态变量初值说明见表 2.7。

表 2.7　　　　　　　　　新安江模型状态变量初值说明表

变量序号	变量名称	说明	变量序号	变量名称	说明
1	WU	上层土壤含水量（mm）	5	S	自由水库蓄水量（mm）
2	WL	下层土壤含水量（mm）	6	QI	壤中流（mm）
3	WD	深层土壤含水量（mm）	7	QG	地下径流（mm）
4	FR	产流面积比（0~1）			

2.5.2　水文学汇流模型

水文学汇流模型的接口形式为（以马斯京根法为例）

$$IWHR - MUS(Par()，Q1()，Q2())$$

Par() 为输入参数，Q1() 为上断面流量过程，Q2() 为输出下断面流量过程。模型接口变量说明见表 2.8。

表 2.8　　　　　　　　　水文学汇流模型接口变量说明表

变量	类型	大小	输入 I＼输出 O	内　容
Par	实型变量	N	I	模型参数
Q1	实型变量	N	I	输入流量（m³/s）
Q2	实型变量	N	O	输出流量（m³/s）

一维水动力学汇流模型的接口形式为

$$IWHR - OneHyd(Par()，XZ()，ZV()，Q1()，Z1()，Q2()，Z2())$$

Par() 为输入参数，XZ() 为大断面起点距水位关系曲线，ZV() 为下断面水位流量关系曲线，Q1() 为上断面流量过程，Z1() 为输出上断面水位过程，Q2() 为下断面流量过程，Z2() 为下断面水位过程。模型接口变量说明见表 2.9。

表 2.9　　　　　　　　　一维水动力学汇流模型接口变量说明表

变量	类型	大小	输入 I＼输出 O	内　容
Par	实型变量	N	I	模型参数
XZ	实型变量	N＊2	I	起点距水位关系曲线
ZX	实型变量	N＊2	I	水位流量关系曲线
Q1	实型变量	N	I	上断面流量（m³/s）
Z1	实型变量	N	O	上断面水位（m）
Q2	实型变量	N	O	下断面流量（m³/s）
Z2	实型变量	N	O	下断面水位（m）

汇流模型参数说明见表 2.10。

表 2.10　　　　　　　　　　　　　汇流模型参数说明表

模 型	参数序号	参数名称	说 明
滞后演算法	1	CS	河网调蓄系数（0～1）
	2	L	滞后时段（≥0 的整数）
Nash 单位线法	1	K	线性水库的蓄量常数（>0 的整数）
	2	n	线性水库个数（>0 的整数）
马斯京根法	1	x	槽蓄系数（0～0.5）
	2	n	河道分段数（>0 的整数）
无因次单位线	1～n		按照顺序输入单位线数值
一维水动力学模型	1	n	糙率
	2	L	河段长（m）

2.5.3　实时校正模型

直接校正型实时校正模型利用实测流量对预报流量进行校正，模型的接口形式为（以自回归模型为例）

$$IWHR - MUS(Par()，QY()，QT()，QE())$$

Par() 为输入参数，QY() 为预报流量过程，QT() 为实测流量过程，QE() 为输出校正流量过程。模型接口变量说明见表 2.11。

表 2.11　　　　　　　　　直接校正型实时校正模型接口变量说明表

变量	类型	大小	输入 I\ 输出 O	内 容
Par	实型变量	N	I	模型参数
QY	实型变量	N	I	预报流量（m^3/s）
QT	实型变量	N	I	实测流量（m^3/s）
QE	实型变量	N	O	校正流量（m^3/s）

直接校正型实时校正模型参数说明见表 2.12。

表 2.12　　　　　　　　　直接校正型实时校正模型参数说明表

模 型	参数序号	参数名称	说 明
自回归模型	1	N	模型阶数（一般取 3～5 之间整数）
	2	M	预见期时段数（≥1 整数）
	3	λ_1	预报常数（0.9～1.1）
	4	λ_2	滤波常数（0.8～1.0）
反馈模拟法	1	K	线性水库的蓄量常数（>0 的整数）
	2	n	线性水库个数（>0 的整数）

溯源型实时校正是对洪水预报误差来源进行校正，然后再进行洪水预报。其原理是利用实测和初次预报资料对误差源进行修正，例如对状态变量初值的修正采用 ISVC 方法，

其原理是利用平稳期的实测流量与预报流量对状态变量初值进行修正。而采用系统响应曲线方法也可以对降雨、状态变量初值等进行修正。溯源型实时校正的模型接口形式为（以 ISVC 方法为例）

$$IWHR - ISVC(Par()，QY()，QT()，W())$$

Par() 为输入参数，QY() 为预报流量过程，QT() 为实测流量过程，W() 为需要修正的误差源。可根据算法要求对输入参数进行缺省设置。模型接口变量说明见表 2.13。

表 2.13 溯源型模型接口变量说明表

变量	类型	大小	输入 I \ 输出 O	内　容
Par	实型变量	N	I	模型参数
QY	实型变量	N	I	预报流量（m^3/s）
QT	实型变量	N	I	实测流量（m^3/s）
W	实型变量	N	I/O	修正的误差源，如降雨量、状态变量初值等

溯源型实时校正模型参数说明见表 2.14。

表 2.14 溯源型实时校正模型参数说明表

模型	参数序号	参数名称	说　明
ISVC 方法	1～n		与 ISVC 方法采用的优化算法有关，例如粒子群算法需要输入的模型参数为种群规模 M、加速因子 c1、c2、位置与速度之间的限制系数 k 等
系统响应曲线	1	β	权重系数（>0）

2.5.4 水位系数法模型

在水电站施工期，由于施工对河道改变较大，直接根据预报流量查水位流量关系曲线获得预报水位已不能适用。水位系数法将水位流量关系曲线进行离散化，获取水位系数，采用水位系数进行水位预报，克服了原有方法的不足。水位系数法的接口形式为

$$IWHR - SWXS (FCT()，QT，ZT，QC()，ZC())$$

FCT() 为输入水位系数，QT 为起始时刻实测流量，ZT 为起始时刻实测水位，QC() 为预报流量过程，ZC() 为输出预报水位过程。各参数的说明信息见表 2.15。

表 2.15 水位系数法接口变量说明表

变量	类型	大小	输入 I \ 输出 O	内　容
FCT	实型变量	N * 2	I	水位系数，二维数组，存放流量及对应的水位系数
QT	实型变量	1	I	起始时刻实测流量（m^3/s）
ZT	实型变量	1	I	起始时刻实测水位（m）
QC	实型变量	N	I	预报流量（m^3/s）
ZC	实型变量	N	O	预报水位（m）

2.5.5 调洪演算法

调洪演算法适用于对围堰水库以及运行期水库进行水位预报及出库流量预报。

调洪演算法的接口形式为

IWHR - THYS （ZV（），ZQ（），Zlime，ZB，QC，QE，QO，ZR）

调洪演算法接口变量说明见表 2.16。

表 2.16　　　　　　　　　　调洪演算法接口变量说明表

变量	类型	大小	输入 I \ 输出 O	内　　容
ZV	实型变量	N＊2	I	水位库容关系曲线，二维数组，存放库水位及对应的库容
ZQ	实型变量	N＊2	I	水位泄流关系曲线，二维数组，存放库水位及对应的下泄流量
Zlime	实型变量	N	I	目标水位（m）
ZB	实型变量	N	I	起始时刻实测水位（m）
QC	实型变量	N	I	入库流量（m³/s）
QE	实型变量	N	I	发电流量（m³/s）
QO	实型变量	N	O	出库流量（m³/s）
ZR	实型变量	N	O	库水位（m）

第 3 章

洪 水 预 报 方 案 构 建

洪水预报方案是将流域预报对象与预报模型结合，是作业预报的基本依据。洪水预报方案是作业预报的基础，作业预报是对洪水预报方案的应用[1]。洪水预报方案的要素包括预报对象、预报模型、模型参数、计算时段长、预热期、预见期等。洪水预报方案制作过程包括预报对象设置、预报模型配置、使用资料的可靠性与代表性分析、模型参数率定、精度评定和成果分析论证等。水文预报方案的编制（或修订）应正式立项，其成果应通过专业审查，达到规定精度要求后，才能用于发布预报。

3.1 梯级水电站洪水预报流程

梯级水电站是逐步开发建设的，水电站建设经历规划、施工、截流、蓄水、发电等阶段，各建设阶段的预报任务不同。建立梯级水电站的洪水预报方案，首先需要分析梯级水电站的洪水预报流程。

梯级水电站洪水预报应自上而下逐级预报，在对坝址预报断面分析的基础上，收集完成流域内各雨量测站、水位站、梯级水电站的降水量、水位、流量后，进行区间面积的产汇流计算，得到河道水文站的流量过程，利用河道水文站的实测流量进行实时校正，将校正后流量演算至坝址断面，将上游水电站出库流量演算至坝址断面，二者相加即为坝址断面预报入库流量。对坝址断面预报流量的实时校正需要视水电站的建设阶段而定，如果是未截流阶段，采用实测流量校正，如果是围堰期和运行期，则需要进行入库流量还原计算，采用反推后的入库流量进行实时校正。同时采用相应的方法计算出预报断面的水位、出库流量，出库流量作为下一级断面的入流进行演算。待所有的电站断面计算完成后，对成果进行展示，包括电站断面预报成果、区间预报成果、水位预报成果、出库流量成果等。

主要流程如下：

（1）区间面积的产汇流计算：根据雨量站降水资料，采用洪水预报模型计算。

（2）区间水文控制站的河道汇流计算。

（3）上游水电站出库流量的汇流计算。

（4）围堰水库、已建成水电站的入库流量反推计算。

（5）对预报流量的实时校正：天然河道断面、未截流水电站断面采用实测流量校正，围堰水库、已建成水电站断面采用反推的入库流量校正。

（6）水位预报：天然河道断面采用水位流量关系曲线转换，未截流水电站采用水位系数法，围堰水库、已建成水电站采用调洪演算法等。

（7）断面出库流量计算：天然河道断面、未截流水电站断面出流与入流相同，围堰水库、已建成水电站采用调洪演算法计算。

（8）成果展示。包括流量预报成果、水位预报成果等。

梯级水电站洪水预报流程如图 3.1 所示。

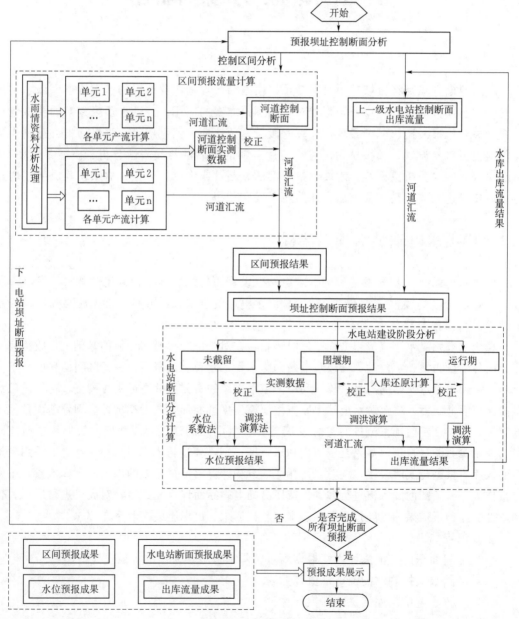

图 3.1　梯级水电站洪水预报流程图

3.2 梯级水电站预报方案构建

基于以上对梯级水电站洪水预报特点的分析，提出以下的预报方案构建方法。

3.2.1 预报对象概述

预报对象是预报结果的承载体，包括天然河道断面、施工期电站断面、运行期水电站断面等。为了设计灵活通用的洪水预报系统，需要对各类预报对象进行抽象，提取其共同特征，设置通用完整的预报对象。预报对象应包含以下属性：

（1）控制站。控制站是预报流量的承载对象，每个预报对象有且只有一个控制站。对于天然河道断面，控制站是水文站；对于施工期电站断面，控制站是围堰上水位站或者导流洞导进口站；对于运行期水电站，控制站是库水位站。

（2）出流站。出流站是预报出库流量的承载对象。对于天然河道断面，出库流量等于入库流量，出流站与控制站相同；对于施工期水电站断面，由于施工期围堰水库的调蓄作用，出流和入流并不相同，因此出流站是围堰下水位站或者导流洞导出口水位站；对于运行期水电站断面，出库流量是经过水库调蓄作用的流量，出流站是水电站尾水站。

（3）校正站。校正站是对预报流量进行实时校正的数据来源。对于天然河道断面，校正站与控制站相同，数据来源于实测流量；对于未截流水电站断面，校正站一般是断面附近受施工影响较小的水文站，例如电站设计站等，其数据来源于实测流量；对于截流期及运行期水电站，校正站是控制站，由于水库的调蓄作用，校正站数据来源于入库反推计算。需要指出的是，在设置预报方案时可以设置是否进行实时校正，如果断面的实测流量或者入库反推计算流量质量较差，可以设置不进行实时校正，否则利用质量较差的资料对预报流量进行校正反而会造成预报精度降低。

（4）水位站。水位站是预报对象预报水位的承载对象，每个断面可能包含若干个水位站，也可能不包含水位站，这视预报任务的要求而定。对于天然河道断面，水位站与控制站相同；对于施工期水电站断面，水位站包括围堰上、围堰下、导进口、导出口等；对于运行期水电站，水位站一般为库水位站，与控制站相同。

（5）入流对象。入流对象是预报对象上游的预报对象，与预报对象之间有水力联系，入流对象的出流是预报对象的入流。视流域划分情况，每个预报对象包含有若干个入流对象。

（6）区间。预报对象与入流对象之间的区域即为区间，每个预报对象有且只有一个区间。对于边界预报对象，例如边界水文站、水电站等，区间面积为0。预报对象的预报流量来自于区间面积产汇流及入流对象的出流。区间布设有若干雨量站用于区间产汇流计算，为了考虑区间降水分布不均匀及子流域地形地貌的影响，需要对区间进行计算单元的划分，计算单元是区间产汇流计算的最小单位。区间流量是每个计算单元产汇流计算叠加的结果。计算单元按照子流域及泰森多边形等方法划分，每个计算单元包含若干个雨量站，设置各雨量站的权重，用于计算单元面雨量的计算。

3.2.2 预报对象分类

预报对象分为天然河道断面、未截流期水电站断面、围堰期水电站断面及运行期水电站断面。

3.2.2.1　天然河道断面

天然河道断面，是洪水预报中最常见的预报对象。在断面处布设有水文站，测量水位、流量、雨量等水文数据。天然河道没有调蓄作用，断面出流与预报流量相同。河道断面的控制站、出流站、校正站以及水位站为同一个测站。预报出断面的流量后，采用实测流量对预报流量进行校正。对预报流量采用水位流量关系转换后即可以计算出相应的预报水位。

3.2.2.2　未截流期水电站断面

水电站进入施工期后，首先在河道中水电站坝址断面上下游建设围堰，截流后抽干围堰基坑内的水，创造干地条件进行水电站建设施工。未截流期时，围堰还没有挡水，对河道水流没有调蓄作用。一般会在上围堰布设围堰上水位站，在下围堰布设围堰下水位站，这类水位站一般只测量施工水尺，断面流量无法直接测量。在水电站断面下游几公里到十几公里处，一般会设置有水电站的设计站，设计站可以测量水位、流量等，鉴于施工断面和设计站的距离很近，可以用设计站的实测流量作为施工断面的实测流量。

未截流期水电站断面的控制站位围堰上水位站、校正站及出流站为水电站设计站。

对围堰上、围堰下水位站的施工水尺预报，由于施工对河道的影响，断面处的地形、河槽经常发生变化，直接查水位流量关系曲线已不能准确预报出水位。需要采用水位系数法预报水位。

3.2.2.3　围堰期水电站断面

当水电站施工围堰截流后，围堰开始挡水，河道形成围堰水库，河道通过导流洞过水。一般在导流洞进水口布设导进口水位站，在导流洞出水口布设导出口水位站。当导进口水位低于封洞水位时，导流洞处于无压敞泄状态，此时围堰水库没有调节作用，可以以水电站设计站的流量作为施工断面处的流量，对预报流量进行校正；当导进口水位高于封洞水位时，导流洞处于有压泄流状态，此时围堰水库对水流具有调节作用，流入围堰水库的入库流量与流出导出口的出库流量并不相同，需要通过入库反推计算围堰水库的入库流量。利用导进口水位站的实测水位、围堰水库水位库容关系曲线、导流洞下泄流量曲线、设计站实测流量，按照水量平衡方程可以还原计算出围堰水库的入库流量，将其作为实测流量对预报流量进行校正。

对于围堰期水电站断面，当水位位于封洞水位以下时，控制站为导进口水位站，校正站和出流站为水电站设计站；当水位高于封洞水位时，控制站和校正站为导进口水位站，出流站为水电站设计站。

对于导进口水位站和导出口水位站的水位预报，当导进口水位低于封洞水位时，采用水位系数法进行预报；当导进口水位高于封洞水位时，采用调洪演算法预报导进口水位站水位过程，采用水位系数法预报导出口水位站的水位。

3.2.2.4　运行期水电站断面

当水电站施工完成，进入运行期后，此时大坝已完全挡水，水流通过闸门、泄流洞、水轮机等流入下游河道。需要预报水库的入库流量以及库水位过程。一般在大坝上游设有库水位站，在大坝下游设有尾水位站，分别监测库水位及尾水位。在水电站运行过程中，出库流量通过机组特性曲线（NHQ曲线）、闸门泄流关系曲线（GHQ曲线）等计算，入库流量通过水量平衡方程反推计算，反推计算的入库流量作为实测流量对预报流量进行校正。

运行期水电站断面的控制站和校正站为库水位站，出流站为尾水位站。库水位的预报过程，根据预报入库流量、闸门启闭计划、机组发电计划，按照水量平衡方程即可计算。在计算出库水位过程的同时也可计算出水电站的出库流量过程。

各类型预报对象如图3.2所示。

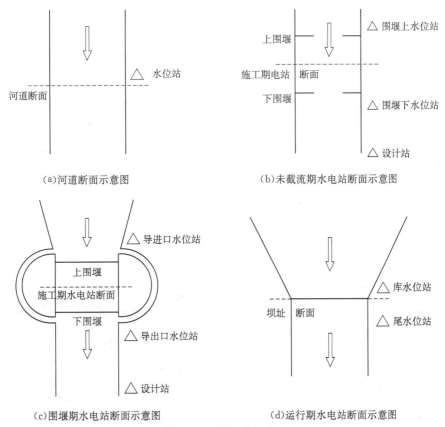

(a)河道断面示意图　　　　　　(b)未截流期水电站断面示意图

(c)围堰期水电站断面示意图　　　　(d)运行期水电站断面示意图

图3.2　预报对象示意图

3.2.3　流域离散

在构建预报方案时，需要根据预报任务的要求以及流域内水电站、水文站的分布位置，确定预报对象，根据预报对象对流域进行划分，称之为流域离散。流域离散的过程亦称为流域分块。内容有：确定各流域分块的相关属性，包括控制站、出流站、校正站、水位站、入流对象、区间等；对各区间进行计算单元划分，确定各计算单元的面积、雨量站及权重；确定各流域分块之间的拓扑关系等。

流域离散的相关数据库表结构见表3.2～表3.6。

(1)流域基础信息。存放流域的基础信息，包括流域编码、流域名称、集水面积、流域图、流域描述等信息。流域基础信息表（ST_BSINF_B）结构见表3.1。流域基础信息管理界面如图3.3所示。

表 3.1　　　　　　　　　　流域基础信息表（ST_BSINF_B）结构

字段名	字段说明	类型	字段长度	小数位数	是否为空	是否主键
BSCD	流域编码	char	5		N	Y
BSNM	流域名称	nvarchar	50		N	
DRNA	集水面积（km²）	numeric	12	4	N	
BSPHT	流域图	Image				
BSDESC	流域描述	nvarchar	200			
BACK	备注	nvarchar	50			

注　BSCD：5 位字符串，第 1 位为流域码，第 2、3 位为水系码，第 4、5 位为河流码或自编码。

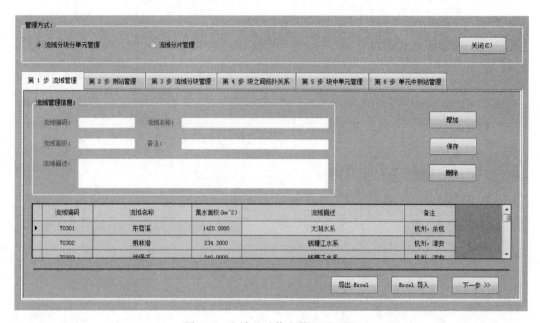

图 3.3　流域基础信息管理界面图

（2）流域测站信息。存放流域中测站的基本信息，包括测站编码、测站名称、测站类型、所在流域、所属河流、所属水系、经度、纬度、基面高程、是否公用等信息。其中是否公用是指位于流域边界的测站对多个流域的水文计算有影响，将其设置为公用即可在多个流域中使用。流域测站信息表（ST_STINF_B）结构见表 3.2。流域测站管理界面如图 3.4 所示。

表 3.2　　　　　　　　　　流域测站信息表（ST_STINF_B）结构

字段名	字段说明	类型	字段长度	小数位数	是否为空	是否主键
STCD	测站编码	char	8		N	Y
STNM	测站名称	nvarchar	20		N	
STTP	测站类型	char	2		N	
RVNM	所属河流	nvarchar	30			
HNNM	所属水系	nvarchar	30			

续表

字段名	字段说明	类型	字段长度	小数位数	是否为空	是否主键
BSCD	流域编码	nvarchar	5			
LGTD	经度	nvarchar	10			
LTTD	纬度	nvarchar	9			
MDBZ	基面高程	numeric	6	2		
ODZ	水位站序号	int				
ODP	雨量站序号	int				
ISPUBLIC	是否公用	int	1			
BACK	备注	nvarchar	50			

注　STCD：8位字符串；STTP为测站类型，用2位字符表示，ZR—水文站、PP—雨量站、ZZ—水位站、BB—蒸发站、MM—气象站；BSCD与ST_BSINF_B中一致，表示测站属于此流域。

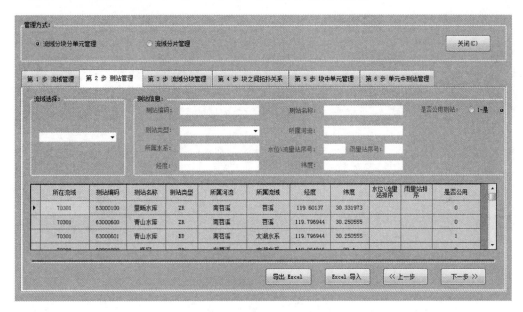

图 3.4　流域测站管理界面图

（3）流域分块信息。流域分块基本信息表中存储流域预报对象的块编码、块名称、块类型（包括电站断面和河道断面）、控制站、出流站、校正站、区间面积及蒸发站等。流域分块基本信息表（ST_BLKINF_B）结构见表3.3。流域分块管理界面如图3.5所示。

表 3.3　　　　　　　流域分块基本信息表（ST_BLKINF_B）结构

字段名	字段说明	类型	字段长度	小数位数	是否为空	是否主键
BSCD	流域编码	char	5		N	Y
BLKCD	块编码	char	8		N	Y
BLKNM	块名称	nvarchar	20		N	
BLKTP	块类型	nvarchar	1		N	
STCD	控制站编码	char	8		N	

续表

字段名	字段说明	类型	字段长度	小数位数	是否为空	是否主键
STCDOUT	出流站编码	char	8		N	
STCDRVS	校正站编码	char	8		N	
BLKA	块面积（km²）	numeric	12	4	N	
EVSTCD	蒸发站	char	8			
BACK	备注	nvarchar	50			

注　BSCD 与 ST_BSINF_B 相同；BLKCD 为 BSCD＋3 位自编码，从 001 开始；BLKTP 为块类型：01—电站断面，02—河道断面。

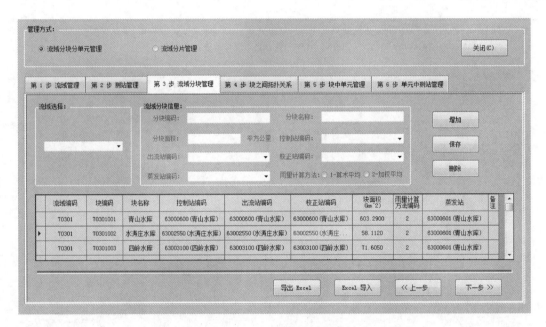

图 3.5　流域分块管理界面图

（4）流域分块拓扑关系。流域分块拓扑关系为各分块之间的水力联系，通过各分块设置入流块，并存储入流块至各分块的距离、传播时间等实现。流域分块拓扑关系表（ST_BLKINST_B）结构见表 3.4。流域分块拓扑关系界面如图 3.6 所示。

表 3.4　　　　　　　　流域分块拓扑关系表（ST_BLKINST_B）结构

字段名	字段说明	类型	字段长度	小数位数	是否为空	是否主键
BLKCD	分块编码	char	8		N	Y
INBLKCD	入流块编码	char	8		N	Y
RCHLEN	距离（km）	numeric	6	2		
TRTM	传播时间（小时）	numeric	6	2		
BACK	备注	nvarchar	50			

注　BLKCD、INBLKCD 均为 ST_BLKINF_B 中的分块。

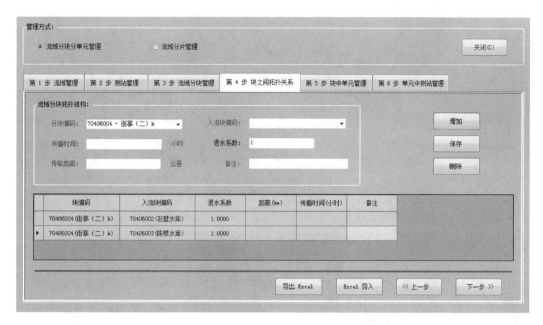

图 3.6　流域分块拓扑关系界面图

（5）流域分块单元信息。流域分块中可能包含多个雨量站，为考虑降雨分布不均匀的影响，需要对分块进行计算单元的划分。单元是产汇流计算的最小单位，每个单元包含若干个雨量站，分别为每个雨量站设置权重。单元划分方法包括按子流域特性提取以及泰森多边形法。流域块中单元信息表（ST_BLKCELLINF_B）结构见表 3.5，单元中雨量权重信息表（ST_PSTPW_B）结构见表 3.6。

表 3.5　　　　　　　　　流域块中单元信息表（ST_BLKCELLINF_B）结构

字段名	字段说明	类型	字段长度	小数位数	是否为空	是否主键
BLKCD	块编码	char	8		N	Y
CLCD	单元编码	char	10		N	Y
CLA	单元面积（km^2）	numeric	12	4	N	
BACK	备注	nvarchar	50			

注　BLKCD 与 ST_BLKINF_B 中相同；CLCD 为 BLKCD＋2 位自编码，从 01 开始。

表 3.6　　　　　　　　　单元中雨量权重信息表（ST_PSTPW_B）结构

字段名	字段说明	类型	字段长度	小数位数	是否为空	是否主键
CLCD	单元编码	char	10		N	Y
STCD	测站编码	char	8		N	Y
PW	权重	numeric	6	4	N	
BACK	备注	nvarchar	50			

注　CLCD 与 ST_BLKCELLINF_B 中相同。

分块中单元信息管理界面如图 3.7 所示。

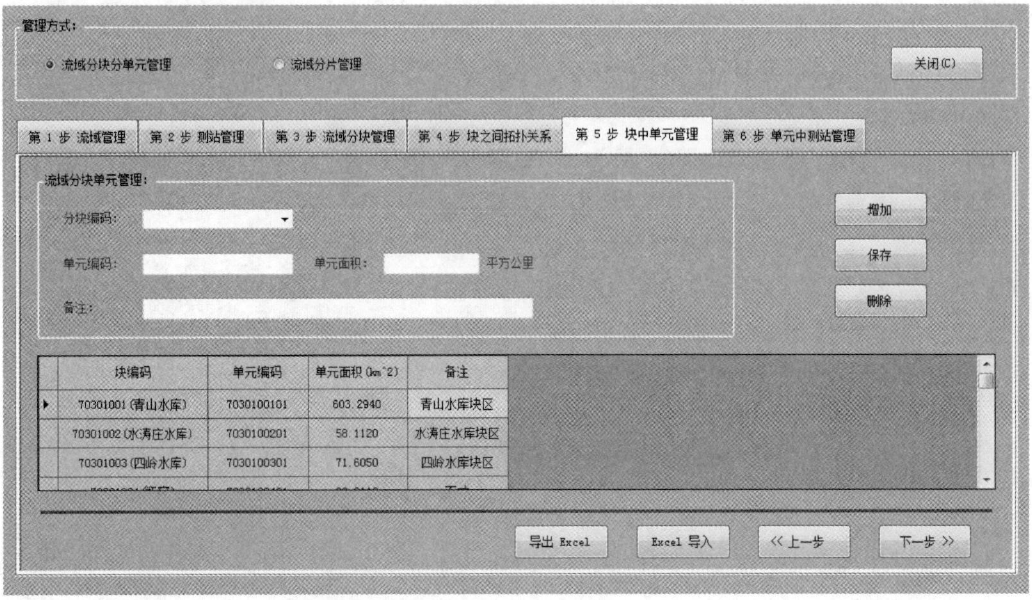

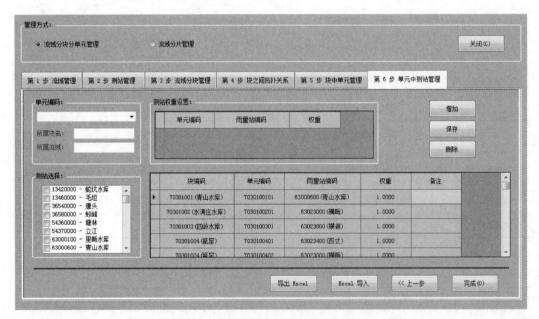

图 3.7　分块中单元信息管理界面图

单元中测站及其权重管理界面如图 3.8 所示。

图 3.8　单元中测站及其权重管理界面图

系统中提供了采用泰森多边形划分单元的工具，采用 MapX 控件开发，划分时每个雨量站划分为一个单元，计算出单元面积、权重。划分后点击"保存"即可将单元及其雨量站信息存入相关表中。泰森多边形划分单元界面如图 3.9 所示。

（6）流域分片。流域分片是在流域分块的基础上进行的，对于面积较大、流域中有明

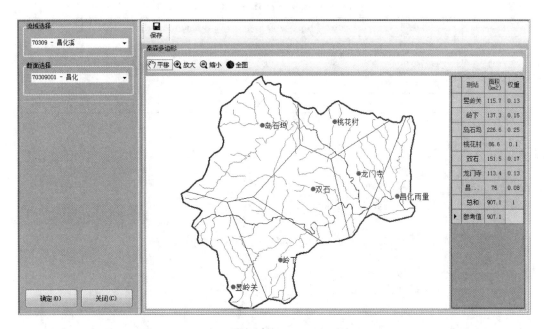

图 3.9　泰森多边形划分单元界面图

显区别的流域来说，需要对其进行分片，以便于管理。例如雅砻江流域面积有 13.6 万
km²，按照地理特性将其划分为上游、中游、下游片区。清江流域中水布垭、隔河岩、高
坝洲水电站之间具有明显区别，将其划分为水布垭以上片区、水布垭—隔河岩区间片区、
隔河岩—高坝洲区间片区。在进行洪水预报时，往往需要根据天气预报情况及数值降雨预
报信息输入预见期降雨，此时可以将流域分片与气象预报区域对应。流域分片、分块及测
站信息表结构见表 3.7～表 3.9。

表 3.7　　　　　　　　　　　流域分片信息表（ST_BSPTCH_B）结构

字段名	字段说明	类型	字段长度	小数位数	是否为空	是否主键
BSCD	流域编码	char	5		N	Y
PTCHCD	片编码	char	7		N	Y
PTCHNM	片名称	nvarchar	20		N	
BACK	备注	nvarchar	50			

注　BSCD 与 ST_BSINF_B 中相同；PTCHCD 为 BSCD＋2 位自编码，从 01 开始。

表 3.8　　　　　　　　　　　流域分片中分块信息表（ST_PTCHBLK_B）结构

字段名	字段说明	类型	字段长度	小数位数	是否为空	是否主键
PTCHCD	片编码	char	7		N	Y
BLKCD	块编码	char	8		N	Y
ODNUM	排序编号	int				
BACK	备注	nvarchar	200			

注　PTCHCD 与 ST_BSPTCH_B 中相同；BLKCD 与 ST_BLKINF_B 相同。

表 3.9　　　　　　　　　流域分片中测站信息表（ST_PTCHST_B）结构

字段名	字段说明	类型	字段长度	小数位数	是否为空	是否主键
PTCHCD	片编码	char	7		N	Y
STCD	测站编码	char	8		N	Y
ODNUM	排序编号	int				
BACK	备注	nvarchar	200			

注　PTCHCD 与 ST_BSPTCH_B 中相同；STCD 与 ST_STINF_B 相同。

流域分片信息界面如图 3.10 所示。

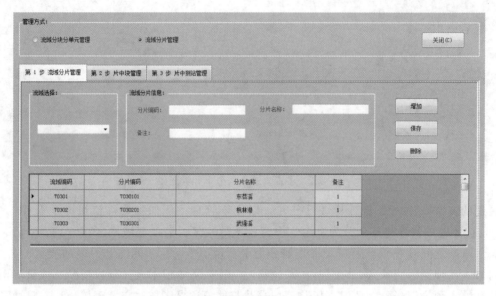

图 3.10　流域分片信息界面图

流域分片中分块信息界面如图 3.11 所示。

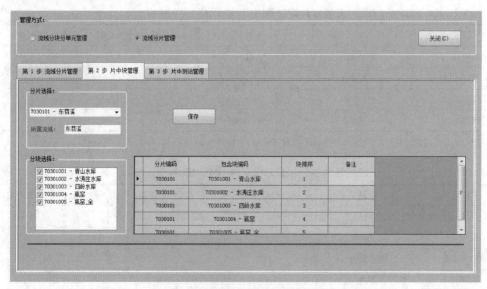

图 3.11　流域分片中分块信息界面图

流域分片中测站信息界面如图3.12所示。

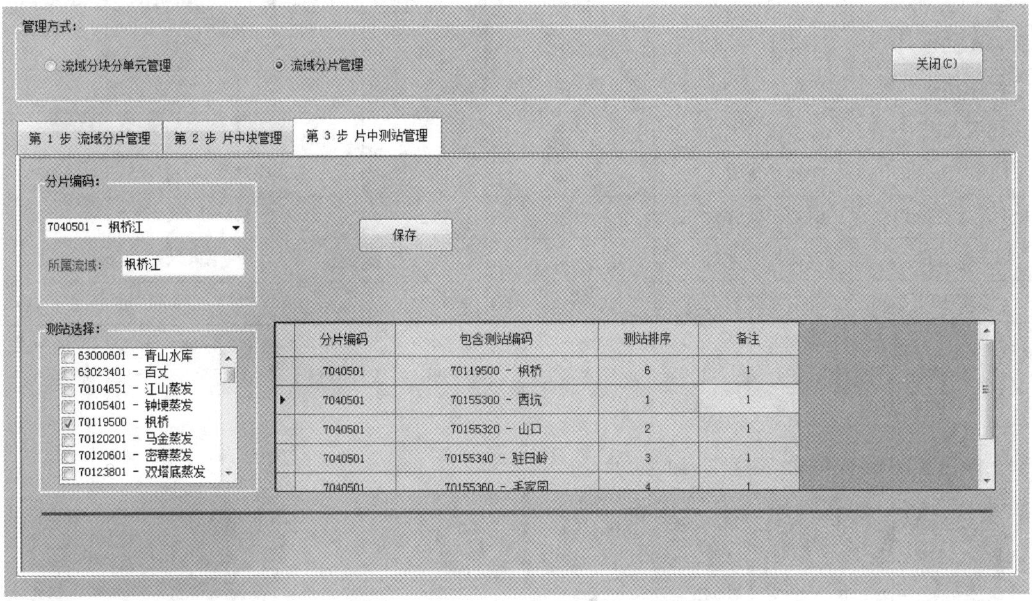

图 3.12　流域分片中测站信息界面图

3.2.4　预报方案构建

在制作预报方案时，首先进行采用流域管理程序进行流域划分，然后准备好模型库，再采用预报方案管理程序从划分的断面及模型库中进行相应的设置，组成预报方案；再进一步采用水电站断面管理程序对预报方案中的水电站断面进行详细设置。预报方案管理各子程序逻辑关系如图3.13所示。

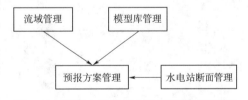

构建预报方案的相关步骤及数据库表结构如下所述。

图 3.13　预报方案管理各子程序逻辑关系图

3.2.4.1　预报方案基本信息

预报方案基本信息包括方案编码、方案名称、计算时段长、预热期、预见期、雨量统计方法、河网汇流方法、河道汇流方法、入流汇流方法、是否默认方案等。预报方案信息表（ST_FCPJTINF_B）结构见表3.10。

对于同一个流域，可以根据计算时段长、预热期、预见期、汇流计算方法等条件设置多个预报方案。在进行洪水预报时，系统默认选择一个进行预报。

表 3.10　　　　　　　　预报方案信息表（ST_FCPJTINF_B）结构

字段名	字段说明	类型	字段长度	小数位数	是否为空	是否主键
PJTID	方案编码	char	2		N	Y
PJTNM	方案名称	nvarchar	200		N	
DR	计算时段长（分钟）	char	2		N	Y

续表

字段名	字段说明	类型	字段长度	小数位数	是否为空	是否主键
YRQDR	预热期（小时）	int			N	
YJQDR	预见期（小时）	int			N	
PAVTJ	雨量统计方法	char	2		N	
CMRIVERTP	河网汇流方法	char	2		N	
CMCHANELTP	河道汇流方法	char	2		N	
CMINTP	入流汇流方法	char	2		N	
BACK	是否默认方案	nvarchar	50			

注 PJTID：从01开始递增；DR：01—30分钟，02—60分钟，03—180分钟，04—360分钟；PAVTJ：01—集总式，统计当前分块以上所有面积的面平均降水量；02—分块式，只统计当前分块的面平均降水量；汇流方法从模型库中选择。

预报方案设置界面如图3.14所示。

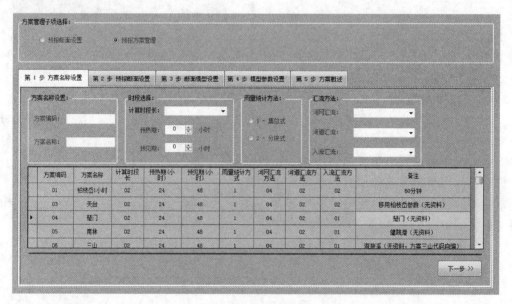

图3.14 预报方案设置界面图

3.2.4.2 预报断面设置

预报方案中包含多个预报断面，为预报方案选择预报断面、设置是否进行实时校正、校正时段、校正方法、演算模型选择、计算序号等。方案中预报断面信息表（ST_FCPJTST_B）结构见表3.11。

表3.11　　　　　　方案中预报断面信息表（ST_FCPJTST_B）结构

字段名	字段说明	类型	字段长度	小数位数	是否为空	是否主键
PJTID	方案编码	char	2		N	Y
BLKCD	块编码	char	8		N	Y
IFRVS	是否校正	char	1		N	

续表

字段名	字段说明	类型	字段长度	小数位数	是否为空	是否主键
RVSTP	校正方法	char	2		N	
RSFL	校正时段	int			N	
RECFMID	演算模型选择	char	10		N	
STCDORD	计算序号	int			N	
BACK	备注	nvarchar	50			

注　PJTID 与 ST_FCPJTINF_B 相同；BLKCD：从 ST_BLKINF_B 中选择；IFRVS：0—不校正，1—校正；
　　RVSTP：01—自回归模型，02—反馈模拟，03—ISVC 方法，04—系统响应曲线。

每个预报对象可以设置多个预报模型标识。如果共有 n 个预报对象，每个对象设置 m 个预报模型。由于每个预报模型的预报结果向下游对象演算后均可以与下游对象的区间预报结果组合，形成下游对象的预报结果，则第 n 个预报对象的预报结果有 $n \times m$ 种，这会造成因预报结果过多而难以选择的问题。因此，当设置 m 个预报模型时，必须选择一个预报模型的预报结果向下游对象演算，保证每个预报对象的预报结果只有 m 种。因此设置推荐模型列。

由于方案中包含多个预报断面，各预报断面之间有水力联系，需要按照顺序依次计算，因此在表中设置计算序号列，存储各断面的计算序号。

预报断面设置界面如图 3.15 所示。

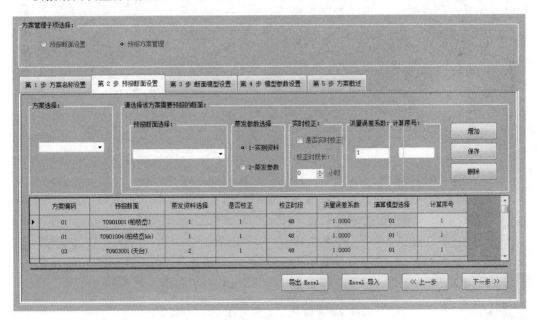

图 3.15　预报断面设置界面图

3.2.4.3　断面预报模型设置

为预报断面设置预报模型，预报模型从模型库中选择。每个预报断面可以设置多个预报模型。预报断面模型信息表（ST_FCSTMD_B）结构见表 3.12。

表 3.12　　　　　　　　　预报断面模型信息表（ST_FCSTMD_B）结构

字段名	字段说明	类型	字段长度	小数位数	是否为空	是否主键
PJTID	方案编码	char	2		N	Y
BLKCD	预报断面	char	8		N	Y
FMNO	预报模型序号	int			N	Y
FMID	预报标识	char	10		N	
BACK	备注	nvarchar	50			

注　PJTID 与 ST_FCPJTINF_B 相同；BLKCD 与 ST_FCSTMD_B 中相同；FMNO：预报模型标识序号，从 1 开始
　　递增；FMID：从 ST_FMID_B 中选择。

断面预报模型设置界面如图 3.16 所示。

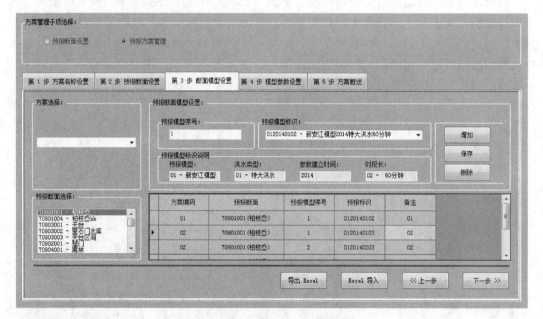

图 3.16　断面预报模型设置界面图

3.2.4.4　模型参数设置

在设置模型参数时，对于无资料地区，可以根据人工经验设置，而对于有资料地区，建议通过模型参数自动率定技术给定。

预报模型参数包括区间产汇流参数、河网汇流参数、河道汇流参数、蒸发参数等。预报模型参数表（ST_FCPARA_B）中设置各预报断面模型参数，参数顺序与 ST_FMPARA_B 中相同。预报模型参数表（ST_FCPARA_B）结构见表 3.13。

表 3.13　　　　　　　　　预报模型参数表（ST_FCPARA_B）结构

字段名	字段说明	类型	字段长度	小数位数	是否为空	是否主键
BLKCD	块编码	char	8		N	Y
FMID	预报标识	char	10		N	Y
PN	参数序号	int			N	Y

字段名	字段说明	类型	字段长度	小数位数	是否为空	是否主键
PV	参数值	numeric	12	4	N	
PDESC	参数描述	nvarchar	100			
PID	参数标识	char	2			
BACK	备注	nvarchar	50			

注 BLKCD 与 ST_FCSTMD_B 中相同；FMID 与 ST_FCSTMD_B 中相同；PN 从 1 开始。

汇流参数表（ST_CFCR_B）中存储各计算单元的河网汇流参数、各计算单元出口到预报断面出口的河道汇流参数、各入流对象到预报断面出口的河道汇流参数。汇流参数表（ST_CFCR_B）结构见表 3.14。

表 3.14　　　　　　　　　　　汇流参数表（ST_CFCR_B）结构

字段名	字段说明	类型	字段长度	小数位数	是否为空	是否主键
BLKCD	块编码	char	8		N	Y
FMID	预报标识	char	10		N	Y
BGPNTTP	汇流类型	char	1		N	Y
INSTCD	块、单元、入流编码	nvarchar	10		N	Y
CMTP	河道汇流方式	char	2		N	Y
PN	参数序号	int			N	Y
PV	参数值	numeric	12	4	N	
PID	参数标识	char	10		N	
BACK	备注	nvarchar	50			

注 BLKCD 与 ST_FCSTMD_B 中相同；FMID 与 ST_FCSTMD_B 中相同；PN 从 1 开始；BGPNTTP：1—河网，2—单元河道，3—入流；INSTCD 与 BGPNTTP 有关，如果汇流类型为河网，则 INSTCD 为断面编码，如果汇流类型为单元，则 INSTCD 为单元编码，如果汇流类型为入流，则 INSTCD 为入流块编码；CMTP 与 ST_FMINF_B 中相对应。

蒸发量是水文预报模型里的一个重要输入，对预报结果有着直接的影响。蒸发量数据取自蒸发站观测数据，观测时段长为日，每日 8：00 定时观测一次作为前一日蒸发量，记至 0.1mm。在进行洪水预报时，根据计算时段长将日蒸发量处理成对应时段的蒸发量。

在进行历史洪水模拟预报计算时，可以采用实测的蒸发资料。而在进行作业预报时，如果预报时间在当日 8：00 之后，此时当日的蒸发量尚未观测，如何输入 8：00 至预报时间的蒸发量则是一个需要解决的问题。例如预报时间为 16：00，此时 8：00 至 16：00 的实测蒸发量尚未观测，因此无法输入实测的蒸发量进行预报计算。

计算每旬多年历史蒸发量的平均值，再将其平均处理成与预报计算时段长相同的时段蒸发量，作为蒸发参数，在作业预报时输入相应日期、时间的时段蒸发量，则是一种解决办法。这种方法称之为蒸发量的旬化，旬化后的蒸发量参数共 36 个，每旬每个时段的蒸发量相同，在计算时，若计算时间位于某旬，则读取相应的蒸发量参数。同样的，也可对蒸发量进行日化和月化，但是日化后的蒸发参数为 365 个，过多。而月化后的蒸发参数为 12 个，则过少，同时月化后的蒸发参数与每日的蒸发量相差较大。综合以上因素，对蒸发量进行旬化是比较合适的。

旬蒸发参数表（ST_DCEVPRT_B）存储各预报对象区间的旬蒸发参数，在进行区间产流计算时根据预报时间选择相应的蒸发参数。旬蒸发参数表（ST_DCEVPRT_B）结构见表3.15。

表 3.15　　　　　　　　旬蒸发参数表（ST_DCEVPRT_B）结构

字段名	字段说明	类型	字段长度	小数位数	是否为空	是否主键
BLKCD	块编码	char	8		N	Y
DCNO	旬编号	int			N	Y
DR	时段长（分钟）	char	2		N	Y
EVPRT	蒸发量（mm）	numeric	6	4	N	
BACK	备注	nvarchar	50			

注　BLKCD 与 ST_FCSTMD_B 中相同；DCNO：1～36；DR 与 ST_FCPJTINF_B 中相同。

预报模型参数设置界面如图3.17所示。

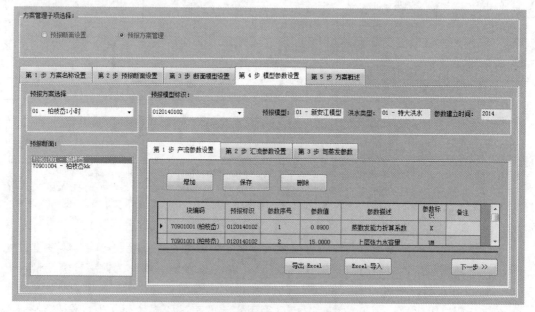

图 3.17　预报模型参数设置界面图

3.2.4.5　水位预报设置

设置完预报模型后，还需对预报方案中的电站断面的水位预报相关信息进行设置。主要包括水库建设阶段设置（规划期、未截流期、围堰期、运行期），不同建设阶段采用的水位预报方法不同；是否进行洪水调度（当形成围堰水库时，需要进行调洪演算）、是否进行水位预报（如果水电站正处于未截流期和围堰期，需要进行水位预报）、水位预报的方法（调洪演算法和水位系数法）、封洞水位（当水位高于导流洞封洞水位时，围堰水库发挥调蓄作用）、需要进行水位预报的测站编码等。水位预报信息表（ST_FAPJT_B）结构见表3.16。

表 3.16 水位预报信息表（ST_FAPJT_B）结构

字段名	字段说明	类型	字段长度	小数位数	是否为空	是否主键
PJTID	方案编码	char	2		N	Y
BLKCD	块编码	char	8		N	Y
CONDT	水库建设阶段	char	2		N	
IFFA	是否洪水调度	char	1		N	
IFFCZR	是否水位预报	char	1		N	
FZTP	水位预报方法	char	1		N	
FDZ	封洞水位	numeric	6	4		
STCDDW1	水位站1编码	char	8		N	
STCDDW2	水位站2编码	char	8			
STCDDW3	水位站3编码	char	8			
STCDDW4	水位站4编码	char	8			
STCDDW5	水位站5编码	char	8			
STCDDW6	水位站6编码	char	8			
STCDDW7	水位站7编码	char	8			
STCDDW8	水位站8编码	char	8			
BACK	备注	char	50			

注 PJTID 与 ST_FCSTMD_B 中一致；BLKCD 为 ST_FCPJTST_B 中的水电站断面；CONDT：0—规划期，1—未截流期，2—围堰期，3—运行期；IFFA：0—不进行洪水调度，1—洪水调度；IFFCZR：0—不进行水位预报，1—水位预报；FZTP：0—调洪演算法，1—水位系数法。

数据库中存放各测站水位系数的数据。水位系数数据表（ST_FASTCD_B)和(ST_ZFCT_B)结构见表 3.17 和表 3.18。

表 3.17 水位系数数据表（ST_FASTCD_B）结构

字段名	字段说明	类型	字段长度	小数位数	是否为空	是否主键
BLKCD	断面编码	nvarchar	8		N	Y
STCD	测站编码	nvarchar	8		N	Y
FZM	水位预报方法	nvarchar	1		N	Y
BACK	备注	nvarchar	50			

注 BLKCD：对应 ST_BLKINF_B 中的断面；STCD：断面包含的测站；FZM：测站水位预报方法，1—调洪演算法，2—水位系数法。

表 3.18 水位系数数据表（ST_ZFCT_B）结构

字段名	字段说明	类型	字段长度	小数位数	是否为空	是否主键
STCD	测站编码	nvarchar	8		N	Y
TM	施测年份	datetime	10		N	Y
Q	流量（m^3/s）	numeric	9	3	N	Y
FCT	水位系数	numeric	3	3	N	
BACK	备注	nvarchar	100			

注 STCD：对应 ST_FASTCD_B 中的 STCD。

水位预报设置界面如图 3.18 所示，电站断面管理程序界面如图 3.19 所示。

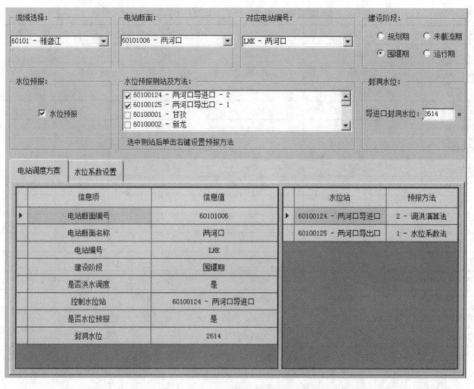

图 3.18　水位预报设置界面图

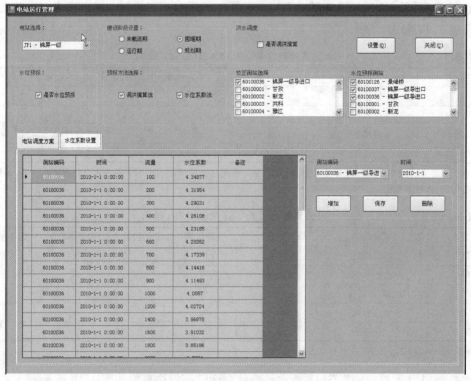

图 3.19　电站断面管理程序界面图

3.3 梯级水电站预报方案转换

3.3.1 不同建设阶段预报方案特点

梯级水电站是逐步开发建设的，水电站建设主要经历截流期、围堰期、蓄水发电等关键阶段。随着水电站的建设，其预报任务也会改变，流域下垫面条件以及产汇流均会产生变化，因此，预报方案需要及时调整[13]。

水电站截流之前，流域的产汇流及水力联系均与未开工建设时无明显区别，河道基本处于天然状态，根据施工防洪需要，利用临时水位站及雨量站观测资料，按照天然来水进行预报，包括最大流量、最高水位及出现时间，同时根据施工区实测水位资料进行必要的修正。水位预报采用水位系数法，实时校正数据来源采用实测流量资料。

水电站截流后，将在围堰上游形成围堰水库，围堰水库库容较小，对流域产汇流变化影响不大，当入库流量小于导流洞下泄流量时，与天然河道没有区别，水位预报方法可以采用水位系数法，实时校正数据来源采用实测流量资料；当入库流量大于导流洞的下泄能力时，由于围堰水库的调蓄作用，出库流量与入库流量不相等，此时需要采用调洪演算法预报库水位并计算出库流量，由于施工期围堰水库的水位库容关系曲线及导流洞下泄流量曲线往往存在较大的误差，因此需对计算出的结果进行修正，同时由于水库的调蓄作用，用于实时校正的入库流量需要采用入库反推计算。

而当水电站进入蓄水发电阶段，随着库水位的上涨，淹没范围增大，对流域的产汇流会产生明显影响，特别是规模较大的水库的影响更大。主要体现在以下几点：

（1）产流变化。水库蓄水后，会对产流计算产生两方面影响：一是部分流域变为库区，库区内的降雨直接形成径流，此时产流模式将会发生改变，需要对洪水预报模型进行调整，选用适合的模型或者改变模型中的参数；二是流域内布置的水文站站址会被淹没，需要将原测站拆除或者重新选址修建，这会导致在计算面雨量时发生变化，需要重新划分单元，确定雨量站权重。

（2）汇流变化。水库蓄水后，库区洪水传播方式由扩散波转换为压力波，洪水形式会发生变化，一般表现为峰形更陡峭，洪量集中，峰现时间提前等特点。需要对汇流计算方法进行调整，对水文学汇流模型的参数进行修正，或者选用更为适合的水动力学模型。

（3）实时校正数据来源变化。水库蓄水后，由于水电站的调蓄作用，入库流量计算需要根据库水位、闸门下泄流量、发电流量，根据水量平衡原理，采用水量平衡方程进行入库流量反推计算。采用反推的入库流量对预报流量进行实时校正。由于库水位观测误差、水位库容关系曲线、闸门下泄流量关系曲线误差，反推的入库流量会产生锯齿现象，需要采用平滑算法对其进行修正。

（4）库水位预报及出库流量计算变化。水库蓄水后的库水位预报采用调洪演算的方式进行。利用预报流量和起始时刻实测库水位，按照调洪规程及防洪要求进行计算，同时计算出库水位及出库流量。

3.3.2 各建设阶段预报任务和方法汇总

电站不同建设阶段预报任务和方法汇总见表3.19。

表 3.19   电站不同建设阶段预报任务和方法汇总表

阶段	预报任务	产汇流变化	水位预报方法	实时校正数据来源
未截流期	流量、施工水位	无明显变化	水位系数法	测量
围堰期	流量、围堰水位	无明显变化	水位系数法、调洪演算法	测量、入库反推
运行期	流量、库水位	变化明显	调洪演算法	入库反推

3.3.3 预报方案转换措施

洪水预报方案的建立以及软件系统的开发是一件费时费力的工作，期间会经历资料收集、流域分析、模型选择、参数率定等过程。同时，不同流域往往具有特有的水文规律，也需要考虑进去，因此预报方案集成了系统开发人员及预报人员的宝贵经验和智慧。电站建设期间预报方案会发生诸多改变，这意味着需要对预报方案和预报软件进行调整，如果将原有方案放弃，重新编制预报方案，开发程序，这一方面会造成极大的浪费，同时由于电站建设阶段转换较快，在进度上可能也会存在困难。

针对此问题，在预报方案和软件系统设计和开发时，可以将软件系统与预报模型、模型计算与方案配置参数完全分离。设计专用的数据库表存储相关信息，在软件系统中开发流域管理子系统、模型库管理子系统以及预报方案管理子系统，各子系统将洪水预报方案编制中用到的元素完全离散化，通过在软件界面上配置的方式设置预报方案。当电站建设条件发生改变时，只需要对发生改变的地方重新配置即可。这一方面可以对原有方案做最大限度的保留，同时操作简单，只需要预报人员操作即可，而不需要系统开发人员介入。

3.4 实例

以雅砻江流域为例说明预报方案的构建[14]。

3.4.1 概述

3.4.1.1 流域概况

1. 自然地理

雅砻江是金沙江左岸最大支流，发源于青海省玉树县境内的巴颜喀拉山南麓，自西北向东南流，在呷衣寺附近进入四川省，至两河口于左岸纳入支流鲜水河后转向南流，经雅江至洼里上游约 8km 处右岸有小金河汇入，其后折向东北方向绕锦屏山，形成长约 150km 的大河湾，巴折以下继续南流，至二滩上游约 20km 处从右岸纳入鳡鱼河，至小得石下游约 3km 处，左岸有安宁河加入，再向南流至攀枝花市下游的倮果汇入金沙江。干流全长 1570km，流域面积约 13.6 万 km^2。

雅砻江流域位于青藏高原东部，地理位置介于东经 $96°52'\sim102°48'$、北纬 $26°32'\sim33°58'$ 之间，大致呈南北向条带状，平均长度约 950km，平均宽度约 137km。河系为羽状发育，流域东、北、西三面大部分为海拔 4000m 以上的高山包围。河源至河口海拔高程自 5400m 降至 980m，落差达 4420m。其中呷衣寺至河口河长约 1368km，落差达 3180m，平均比降约为 2.32‰。

雅砻江流域南北跨越七个多纬度，域内地形地势变化悬殊，致使本流域自然景观在南北及垂直两个方向上具有明显的差异。

甘孜、道孚一线以北地区，地势高亢，山顶多呈波状起伏的浅丘，河谷宽坦，水流平缓，呈现一片丘状高原景象，区内土壤为高原草甸土和草原化草甸上，草甸为本区植被的基本类型。甘孜、道孚一线以南至大河湾之间，主要为高山峡谷森林区。大河湾以南至河口地区，河谷地形复杂，具有宽谷盆地与山地峡谷错落分布的特点。

2. 气候特征

雅砻江流域气候属川西高原气候区，由于流域跨越七个多纬度，加之域内地形复杂，谷岭高差悬殊，气候在不同的地区和高程均有较为明显的差异。

流域气候主要受高空西风环流及西南季风影响，干湿季分明。大致每年11月至次年4月，高空西风带被青藏高原分成南北两支，流域南部主要受南支气流控制，天气晴和，降水很少，气候温暖干燥；流域北部则受北支干冷西风急流影响，气候寒冷干燥，此期即为流域的干季，具有日照多、湿度小、日温差大的特点。5—10月，由于西风带南支北移消失，西南季风控制全流域，携入大量水汽，使流域内气候温暖湿润，降雨集中，雨量占全年雨量的90%～95%，雨日占全年的80%左右，是流域的雨季。雨季日照少、湿度较大、日温差小。

流域气候除在南北方向上有明显差异外，在垂直方向上差异亦大，呈现明显的"立体气候"特征，气温、蒸发、降水等都随海拔不同有明显的差异。

流域各地多年平均气温为-4.9～19.7℃，总的分布趋势由南向北递减，并随海拔高度的增加而递减。

流域内蒸发量较大，多年平均年蒸发量为1326.0～2544.5mm（20cm口径蒸发皿观测值，下同），总的分布趋势由北向南递增。

雅砻江流域湿度较小，年平均相对湿度为57%～69%，分布特点是南北方向上差别小，东西方向上差别大，最大月相对湿度在70%以上，多出现在7月、8月，最小月相对湿度发生在干季，一般都小于50%，最小相对湿度为0。

流域多年平均年降水量为500～2470mm，分布趋势由北向南递增。甘孜、道孚以北，多年平均年降水量为500～650mm；甘孜、道孚以南至大河湾，由西向东为600～900mm，大河湾以南为700～2470mm；高值区在安宁河上游团结、托乌一带及流域南部，最大值在择木龙（多年平均降水量2470.2mm）。

3. 径流特性

雅砻江流域径流主要来源于降水，径流的年内变化及地区分布，与降水的变化趋势基本一致。雅江以北地区，由于深居内陆海拔高，南来暖湿气流受高山阻挡，故降水量较少，雅江以上流域多年平均径流深为318mm，径流模数为10.1L/(s·km²)；雅江—洼里之间处于中段暴雨地区，雨量增多，多年平均径流深为480mm，径流模数为15.2L/(s·km²)；洼里—小得石区间处于下段暴雨区，雨量更加丰沛，多年平均径流深为981mm，径流模数为31.1L/(s·km²)。径流具有年内分配不均和年际变化小的特点。

流域降水一般在 12 月后明显减少，径流主要靠地下水补给，至次年春季气温逐步回升，降水增加，北部的融雪水补给也随之增加，径流量逐步增大。6—11 月为丰水期，主要为降雨补给，水量占全年水量的 81% 左右，其中又以 7 月最丰，约占全年水量的 19%。

径流年际变化不大，据干流最下游的桐子林水文站资料统计，多年平均流量 1920m³/s，年平均流量最大的 1965 年 6 月至 1966 年 5 月为 2830m³/s，最小的 1994 年 6 月至 1995 年 5 月为 1410m³/s，分别为多年均值的 1.47 倍和 0.73 倍。

4. 暴雨洪水特性

雅砻江流域洪水主要由暴雨形成。每年夏季季风强盛时期，由西南季风将印度洋和孟加拉湾的水汽资源源源不断地输进流域。同时，西太平洋副高北移，冷空气在副高前受阻，在这种大环流形势下，本流域常发生大范围暴（大）雨。影响本流域降水的天气系统主要是切变线和低涡，其次有南支波动、倒槽、东风波等，而以涡切变-低压型、高空槽-切变-冷锋型所形成的暴雨历时长、笼罩面积大、强度较大，是产生流域较大洪水的主要降雨天气系统。

雅砻江流域暴雨一般出现在 6—9 月，主要集中在 7 月、8 月，且多连续降雨，一次降水过程为 3 天左右，两次连续过程为 5 天左右或更长时间，主雨段多在 1～2 天。上游甘孜、道孚以北，海拔高程多在 4000m 以上，降水量不大，极少出现日雨量大于 50mm 的暴雨，实测最大日雨量 68.6mm（清水河站 1986 年 7 月 8 日）。受地形影响，甘孜、道孚以南形成三个稳定的暴雨区：①位于濯桑—理塘—雅江一带呈南北向椭圆形分布，该区雨强不大，但笼罩面积较广，最大一日点雨量 99.2mm（濯桑 1969 年 7 月 4 日）；②大坪子—务本一线呈东西向带状分布，该区雨强较大，最大一日点雨量 227.8mm（宁蒗站 1969 年 7 月 1 日）；③在安宁河流域，雨区面积也不大，最大一日点雨量 243.6mm（安宁桥站 1975 年 9 月 26 日）。雅砻江流域洪水主要由暴雨形成，年最大洪水一般出现在 6—9 月，上游甘孜、雅江等站年最大洪水 6 月即可出现，中下游各站年最大洪水多发生在 7 月、8 月。

雅砻江较大洪水多由两次以上的连续降雨形成。汛期内连绵不断的降雨使河流底水逐渐抬高，如发生 1～3 日较为集中的大面积暴雨，即可形成较大洪水。洪水过程多呈双峰或多峰型，一般单峰过程 6～10 天，双峰过程 12～17 天。洪水起涨时底水流量较大，一般可占洪峰流量的 1/2～1/3。由于流域大部分地区雨强不大，加之流域形状呈狭长带状，不利于洪水汇集，故洪水一般具有洪峰相对不高、洪量大、历时长的特点。

3.4.1.2　水电站概况

1. 水电站简介

雅砻江干流水力资源丰富，两河口以下至江口的中下游河段被列为国家水电基地，其规模在是我国能源发展规划的十三大水电基地中居第 4 位。干流开发目标比较单一，主要是发电，无其他综合利用要求。

（1）两河口水电站。两河口水电站位于四川省甘孜州雅江县境内。水电站建于雅砻江与庆大河、鲜水河交汇处。两河口水电站开发任务为发电，并结合汛期蓄水兼有减轻长江中下游防洪负担的作用，水电站总装机容量为 300 万 kW，水电站坝型推荐采用土心墙堆石坝，最大坝高为 295m，水库总库容为 107.77 亿 m^3，具有多年调节能力。水库正常蓄水位 2865m，相应库容 101.54 亿 m^3，水库消落深度为 80m，调节库容 65.6 亿 m^3。两河口水库是雅砻江中下游的"龙头"水库，对雅砻江中下游乃至金沙江、长江的梯级水电站都具有十分显著的补偿作用。

（2）锦屏一级水电站。锦屏一级水电站位于四川省凉山彝族自治州盐源县和木里县境内，是雅砻江干流下游河段（卡拉至江口河段）的控制性梯级水电站，坝址以上流域面积 10.3 万 km^2，占雅砻江流域面积的 75.4%。坝址处多年平均流量为 $1190m^3/s$，多年平均年径流量 385 亿 m^3。锦屏一级水电站规模巨大，主要任务是发电。水电站总装机容量为 360 万 kW（6 台×60 万 kW），多年平均发电量 166.2 亿 kW·h。水库正常蓄水位 1880m，死水位 1800m，总库容 77.6 亿 m^3，调节库容 49.1 亿 m^3，属年调节水库。枢纽建筑由挡水、泄水及消能、引水发电等永久建筑物组成，其中混凝土双曲拱坝坝高 305m，为世界第一高拱坝。

（3）锦屏二级水电站。锦屏二级水电站位于四川省凉山彝族自治州木里、盐源、冕宁三县交界处的雅砻江干流锦屏大河湾上，系雅砻江卡拉至江口河段五级开发的第二座梯级水电站。锦屏二级水电站利用雅砻江 150km 锦屏大河湾的天然落差，截弯取直开挖隧洞引水发电。坝址位于锦屏一级下游 7.5km 处，厂房位于大河湾东端的大水沟。水电站总装机容量为 480 万 kW（8 台×60 万 kW），多年平均发电量 242.3 亿 kW·h。首部设低闸，闸址以上流域面积 10.3 万 km^2，闸址处多年平均流量 $1220m^3/s$，自身具有日调节功能，与锦屏一级同步运行则同样具有年调节性。锦屏二级水电站枢纽建筑主要由拦河低闸、泄水建筑、引水发电系统等组成，4 条引水隧洞平均长约 16.6km，开挖洞径 13m，为世界第一水工隧洞。工程建设总工期 8 年 3 个月。

（4）官地水电站。官地水电站位于四川省凉山彝族自治州西昌市和盐源县交界的雅砻江上，坝址距西昌市直线距离约 30km，公路里程约 80km，为雅砻江下游河段第三座梯级水电站，是二滩水电站的上游衔接梯级水电站。官地水电站的主要任务是发电。水库正常蓄水位 1330m，最大坝高 168m，总库容 7.6 亿 m^3。根据可研调整阶段初步研究成果，考虑锦屏一级和两河口水电站水库的调节作用，水电站总装机容量调整为 240 万 kW。

（5）二滩水电站。二滩水电站是我国在 20 世纪建成投产最大的水电站，总装机容量为 6×55＝330 万 kW，设计多年平均发电量为 170 亿 kW·h。二滩水电站工程由高 240m 的双曲拱坝、巨型地下厂房和庞大的泄洪设施组成，总库容 58 亿 m^3，具有季调节能力。二滩水电站 1998 年 8 月开始并网发电，作为川渝电网中最大的电源，同时承担着川渝电网的调频峰任务，为川渝电网的供电和电网安全稳定运行提供了强劲的支持。

（6）桐子林水电站。桐子林水电站位于四川省攀枝花市盐边县境内，距其上游二滩水电站 18km，距下游的雅砻江与金沙江交汇口 15km，是雅砻江下游最末一个梯级水电站。水电站总装机容量为 60 万 kW（4 台×15 万 kW），最大坝高 66.63m，坝顶长度 468.7m。

2. 水电站开发规划

为了确保国家的长远利益和水电开发的科学有序，充分体现流域开发的梯级补偿效益和实施最优化的开发方式，2003 年 10 月 20 日国家发展和改革委员会发文（发改办能源〔2003〕1052 号），明确由二滩公司"负责实施雅砻江水能资源的开发""全面负责雅砻江流域水电站的建设与管理"。

实施雅砻江流域水能资源开发，二滩公司以科学发展观为指导，制定了四阶段发展战略：

第一阶段：2000 年以前，开发建设二滩水电站，实现投运装机规模 330 万 kW；

第二阶段：2015 年以前，建设锦屏水电站、官地水电站、桐子林水电站，全面完成雅砻江下游梯级水电开发。二滩公司拥有的发电能力提升至 1470 万 kW，规模效益和梯级补偿效益初步显现。二滩公司将成为区域电力市场中举足轻重的独立发电企业。基本形成现代化流域梯级水电站群管理的雏形。

第三阶段：2020 年以前，继续深入推进雅砻江流域水电开发，建设包括两河口水电站在内的 3～4 个雅砻江中游主要梯级水电站。实现新增装机 800 万 kW 左右，公司拥有的发电能力达到 2300 万 kW 以上。二滩公司将迈入国际一流大型独立发电企业行列。

第四阶段：2025 年以前，全流域项目开发填平补齐，雅砻江流域开发全面完成。二滩公司拥有发电能力达到 3000 万 kW 左右。

雅砻江干流各河段规划梯级水电站主要指标见表 3.20。

表 3.20　　　　　雅砻江干流各河段规划梯级水电站主要指标表

梯级开发方案		主　要　指　标								
		控制面积/km²	多年平均流量/(m³/s)	正常蓄水位/m	尾水位/m	总库容/亿 m³	调节库容/亿 m³	调节性能	装机容量/万 kW	开发方式
上段	鄂曲	14824	74.8	3989.14	3978					坝式
	温波	19829	116	3978	3890	57.61				坝式
	长须	21177	132	3890	3817	10.04				坝式
	木能达	22382	146	3817	3742	6.79				坝式
	仁青岭	25869	188	3700	3624	5.08				坝式
	热巴	26534	196	3598	3533	2.22				坝式
	格尼	31267	252	3455	3388	1.77				坝式
	木罗	33692	282	3328	3285	0.23				坝式
	仁达	34996	300	3285	3185	1.99				坝式
	乐安	36207	316	3185	3112	1.5				坝式
	新龙	36660	323	3110	3053	0.94				坝式
	共科	38619	349	3035	2948	3.36				坝式
	甲西	41148	384	2948	2877	1.79				坝式

续表

梯级开发方案		主要指标								
		控制面积/km²	多年平均流量/(m³/s)	正常蓄水位/m	尾水位/m	总库容/亿 m³	调节库容/亿 m³	调节性能	总装机容量/万 kW	开发方式
中段	两河口	65725	664	2865	2602	107.77	65.5	多年	300	坝式
	牙根	71004	743	2602	2479	7.96	0.38	日	140	坝式
	楞古	77543	843	2479	2254	2.19	0.12	日	271.8	混合
	孟底沟	79564	874	2254	2102	8.68	0.3	日	184	坝式
	杨房沟	80754	893	2102	1986	5.27	0.21	日	150	坝式
	卡拉	81874	907	1986	1900	3.58	0.2	日	108	坝式
下段	锦屏一级	102560	1190	1880	1646	77.6	49.1	年	360	坝式
	锦屏二级	102600	1220	1646	1330	0.11	0.05	日	480	引水
	官地	110120	1360	1330	1220	7.6	1.72	日	240	坝式
	二滩	116400	1650	1200	1035	58	33.7	季	330	坝式
	桐子林	127670	1890	1015	995	0.72	0.23	日	60	坝式

3.4.1.3 测站概况

雅砻江流域水情自动测报系统于 2011 年建成，覆盖甘孜、泥柯、东谷以下雅砻江流域的中下游地区。系统中有水文站、水位站、雨量站、气象站等，建成后由于流域情况发生改变，增加了部分站点，个别站点被拆除。目前系统共包括 60 个水文（位）站，17 个气象站，85 个雨量站。

3.4.2 技术路线

3.4.2.1 水情预报模型思路

雅砻江流域洪水预报系统需要对雅砻江干流建设的 11 个梯级电站（自上而下分别为两河口、牙根、楞古、孟底沟、杨房沟、卡拉、锦屏一级、锦屏二级、官地、二滩、桐子林）进行洪水预报。对各个水电站进行预报时，由于水电站施工进度不同，施工期水电站进行流量预报时还要进行水位预报。

根据雅砻江流域自然地理分布情况、气候特性、径流特性、洪水特性以及水情遥测站点分布情况等多方面综合考虑，结合目前成熟先进的预报技术，洪水预报方案由流域产流模型、汇流模型、实时校正模型三大部分组成。

1. 流域产流模型

考虑雅砻江流域降雨不均匀性问题，对流域进行分块分单元进行产流计算，根据流域水系和遥测雨量站点分布情况划分单元，对雨量站较稀少的地区，考虑用单站控制面积产流，对位于分水岭上雨量站，考虑多个单元共用方式。

利用泰森多边形法对单元内每个雨量站设定权重，分别计算出各单元控制面积上的地面径流、壤中流和地下径流。流域产流模型选用新安江三水源模型及水箱模型。

2. 汇流模型

流域汇流分为坡面汇流和河道汇流两个阶段。坡面汇流分为地面汇流过程、壤中流汇流过程和地下径流汇流过程三部分。地面汇流采用汇流单位线方法，壤中流和地下径流汇流采用线性水库方法，分别计算其流量过程并进行叠加，得到单元出口流量过程。河道汇流选用汇流单位线方法。

3. 实时校正模型

洪水预报实时校正模型是根据预报断面实际流量过程（入库流量采用还原计算）与预报流量的误差，对预报流量过程进行实时校正，以提高洪水预报精度。校正模型采用洪水预报残差自适应实时校正模型，模型参数采用可变遗忘因子递推最小二乘算法，自适应动态跟踪。

3.4.2.2　围堰及水库调洪演算

此次预报方案中涉及的 11 个水电站均位于雅砻江干流，相互之间构成了梯级水库的关系，上游水电站的出库流量对下游水电站的水情预报影响很大。因此在做整体流域水情预报时必须考虑水库调度问题。

雅砻江流域中 11 个水电站中有规划水电站、施工水电站、运行水电站，而施工水电站由于施工进度推进分为不同阶段，因此对不同水库、不同施工阶段调洪演算方法不同，需要整体考虑。

（1）规划水电站。由于规划电站没有施工，水库的出库流量与入库流量一样，因此在水库调洪演算时暂不考虑，但随着施工开始，按施工期不同进度进行计算，直至建设完毕到运行期，按水库调度规则进行调洪演算。

（2）施工水电站。由于施工的进行，天然河道发生了改变，因此调洪演算在不同时期采用不同计算方法，按水电站施工进度分为未截流期、围堰期。

1）未截流期。未截流期是指水电站已经开始施工，并没有对河道的水进行截流，没有在水电站坝址断面处形成较大的水面，对天然河道的改变较小，从实用化的角度出发，认为坝址断面的流量过程接近天然河道，并且传播时间也没有发生变化。

2）围堰期。水电工程截流后，在河道中形成一定规模的围堰水库，对天然河道的改变较大，围堰水库具有一定的库容，对河道中的流量具有一定的调蓄作用，水库的入库流量与出库流量并不完全相同。因此，应当采用还原计算的入库流量对预报流量进行校正，再进行调洪演算或其他方式处理后得到的出库流量，作为下一级断面的预报输入流量。围堰水位和出库流量预报方法分为两种：一种是采用围堰水位流量关系曲线，另一种是采用调洪演算方法计算。由于施工期河道特性会发生变化，因此需要及时率定围堰水位—流量关系曲线以及围堰水位—库容关系曲线。

3）运行水电站。对于已经建成投入运行的水电站工程，水库蓄水已已经完成，直接采用水电站还原计算和调度演算结果，作为下一级断面的预报输入流量。

3.4.3　预报方案总体框架

雅砻江流域水情预报系统主要实现雅砻江两河口及以下 11 个梯级水电站的水情预报，预报方案总体框架如图 3.20 所示，洪水传播时间如图 3.22 所示。

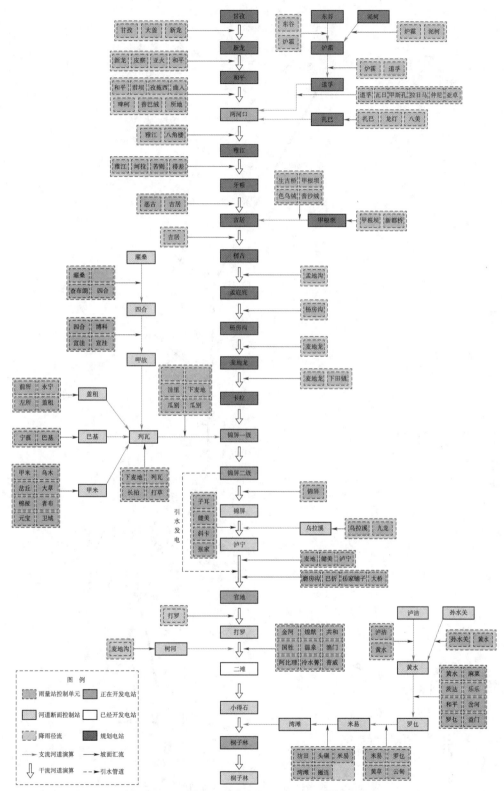

图 3.20 雅砻江流域水情预报方案总体框架图

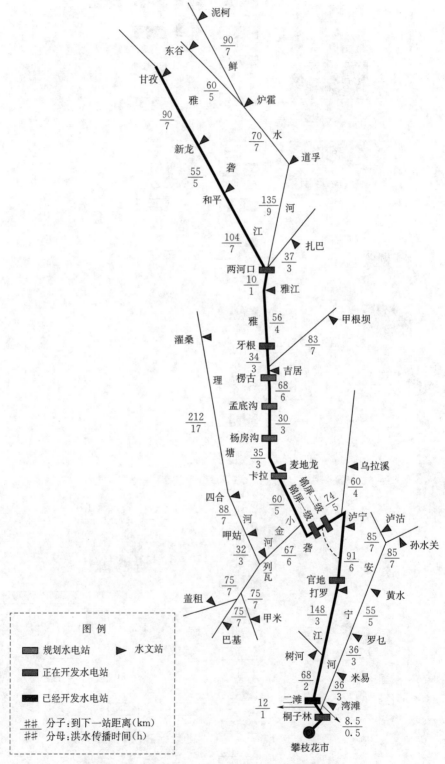

图 3.21　雅砻江流域干支流洪水传播时间示意图

1. 两河口水电站预报方案

两河口水电站位于甘孜—雅江区间雅江水文站上游 10.2km 处，目前正在施工阶段，工程尚未截流。甘孜—雅江区间流域面积 33946km²，此间汇入了雅砻江最大支流鲜水河（控制集水面积 19447km²），另一主要支流庆大河控制集水面积为 1859km²。

两河口以上断面共布设水文站 8 个：干流自上而下设新龙、和平、雅江水文站，鲜水河设东谷、泥柯、炉霍、道孚水文站，庆大河设扎巴水文站。设雨量站 15 个：干流区间设大盖、皮察、亚火、君坝、孜拖西、呷柯、曲入、所地、普巴绒雨量站，鲜水河上设瓦日、甲斯孔、拉日马、仲尼、亚卓雨量站，庆大河上设八美、龙灯雨量站。

下面分别对两河口以上区间断面的洪水预报方案进行说明。

新龙断面上游建有甘孜水文站，区间有大盖雨量站，新龙断面的预报方案采用甘孜站的流量资料汇流到新龙水文站，结合甘孜—新龙区间甘孜、新龙、大盖雨量资料建立的新安江模型和水箱模型进行区间洪水预报，两者组合作为新龙断面的洪水预报方案。

和平水文站位于新龙水文站下游，新龙—和平间有瓦日沟、通宵河、热依曲三条支流汇入，设置有皮察、亚火两个雨量站，该区间属于暴雨集中的区域，区间流量较大。和平断面的预报方案采用皮察、亚火、新龙、和平雨量资料，建立新安江模型和水箱模型进行预报；新龙—和平的汇流方案采用汇流单位线将新龙站的预报流量汇流到和平站。两者组合作为和平断面的预报方案。

炉霍断面预报方案采用东谷站流量汇流到炉霍站、泥柯站流量汇流到炉霍站以及利用东谷、泥柯、炉霍雨量资料采用新安江模型和水箱模型进行区间预报。三者组合作为炉霍断面洪水预报方案。

道孚水文站位于雅砻江最大支流鲜水河上，控制流域面积 14465km²，道孚水文站上游控制水文测站为炉霍水文站。道孚断面的预报方案可采用炉霍的流量资料按照汇流单位线演算到道孚站，利用炉霍、道孚站雨量资料采用新安江模型和水箱模型进行区间预报，两者组合得到道孚断面的预报流量。

扎巴水文站预报方案可据上游龙灯、八美两雨量站，以扎巴为控制，利用新安江模型和水箱模型建立降雨径流预报方案。

两河口水电站的入库水文站为和平、道孚和扎巴。道孚、扎巴、和平—两河口库区面积大，且为雅砻江流域三个暴雨区之一，两河口水电站的入流量预报非常重要。两河口库区预报可通过库区内君坝、孜拖西、呷柯、曲入、普巴绒、所地、瓦日、甲斯孔、仲尼、拉日马、亚卓等 11 个雨量站资料，采用新安江模型与水箱模型进行预报；三个入库控制站流量到两河口水电站的汇流采用汇流单位线。两者组合作为两河口水电站的入库流量预报方案。

对两河口水电站的施工水尺预报采用水位系数法进行，待工程截流后再增加按调洪演算方法进行施工水尺预报。

由于目前工程尚未截流，因此可以采用下游雅江站的实测流量对两河口的预报流量进行校正，待工程截流后可以通过调洪演算反算出两河口入库流量进行校正。

2. 牙根水电站预报方案

牙根水电站位于雅砻江干流两河口水电站下游，区间有王呷河、霍曲汇入。两河口—

牙根区间设有雅江水文站，王呷河设有八角楼雨量站、霍曲设有苦则、坷垃、得曲雨量站。

雅江断面的流量与两河口水电站的出流有很大的关系。对雅江断面的预报方案采用以下方式：在两河口水电站工程未截流之前，利用两河口水电站的预报流量直接汇流到雅江断面；在两河口水电站工程截流之后，利用预报出的施工水尺按照水位下泄流量关系曲线查出下泄流量再汇流到雅江断面。同时将雅江站作为控制断面，利用八角楼、雅江雨量资料建立新安江模型和水箱模型降雨径流预报方案。两者结合作为雅江断面的预报流量。

牙根水电站的预报方案采用雅江流量按汇流单位线演算到牙根水电站；利用苦则、坷垃、得差雨量资料建立新安江模型和水箱模型预报方案，两者组合作为牙根水电站的预报方案。

3. 楞古水电站预报方案

楞古水电站位于雅砻江干流牙根水电站下游，其间有支流力丘河汇入。干流设有吉居水文站，力丘河设有甲根坝水文站，吉居水文站是楞古水电站的设计依据站。区间共布设 5 个雨量站，其中干流有恶古，力丘河有新都桥、生古桥、色乌绒、普杀绒。

甲根坝断面的预报方案采用新都桥、甲根坝的雨量资料建立新安江模型和水箱模型进行预报。

楞古水电站的预报方案由三部分组成：牙根水电站的出库流量采用汇流单位线演算到楞古水电站；甲根坝流量采用汇流单位线演算到楞古水电站；牙根、甲根坝—楞古区间利用区间恶古、生古桥、色乌绒、普杀绒等雨量站资料建立新安江模型和水箱模型预报方案。三者组合构成楞古水电站的预报方案。

4. 孟底沟水电站预报方案

孟底沟水电站位于雅砻江干流楞古水电站下游，区间没有支流汇入，布设有孟底沟雨量站。

孟底沟水电站的预报方案采用楞古水电站的出库流量按汇流单位线演算到孟底沟水电站；采用孟底沟雨量资料建立新安江模型和水箱模型降雨径流方案进行区间预报。两者组合作为孟底沟水电站的预报方案。

5. 杨房沟水电站预报方案

杨房沟水电站位于雅砻江干流孟底沟水电站下游，区间没有支流汇入，布设有杨房沟雨量站。

杨房沟水电站的预报方案采用孟底沟水电站的出库流量按汇流单位线演算到杨房沟水电站；采用杨房沟雨量资料建立新安江模型和水箱模型降雨径流方案进行区间预报。两者组合作为杨房沟水电站的预报方案。

6. 卡拉水电站预报方案

卡拉水电站位于雅砻江干流杨房沟水电站下游，区间没有支流汇入，布设有麦地龙水文站和下田镇雨量站。

在杨房沟水电站没有投入运行前，采用麦地龙水文站流量按汇流单位线演算到卡拉水电站，在杨房沟水电站投入运行后，采用杨房沟水电站的出库流量按汇流单位线演算到卡拉水电站；另外再采用麦地龙、下田镇雨量资料建立新安江模型和水箱模型降雨径流方案

进行区间预报。两者组合作为卡拉水电站的预报方案。

7. 锦屏一级水电站预报方案

锦屏一级水电站位于卡拉水电站下游，区间有较大支流小金河汇入，小金河流域面积19114km²，小金河是雅砻江流域三大暴雨区之一，对锦屏一级水电站洪水组成有重要影响。因此，做好锦屏一级水电站的洪水预报方案必须先做好小金河的洪水预报方案。

卡拉—锦屏一级区间布设有7个水文站、23个雨量站和2个水位站。雅砻江干流设有913林场、912林场、洼里3个雨量站；小金河干流自上而下依次设有濯桑、四合、呷姑、列瓦4个水文站，支流卧罗河设有盖租、巴基、甲米3个水文站。小金河共设雨量站18个，其中干流雨量站为查布朗、博科、渲洼、黄泥巴、下麦地、瓜别；支流永宁河雨量站为永宁、前所、左所、长柏；支流巴基河雨量站为宁蒗；支流巴基河雨量站为元宝、卫城、棉垭、者布凹、岔丘、乌木、大草。水位站为锦屏一级围堰上、锦屏一级围堰下。

四合断面的预报方案采用濯桑站流量资料按汇流单位线演算到四合断面；利用区间濯桑、查布朗、四合雨量资料建立新安江模型和水箱模型降雨径流预报方案。两者组合作为四合断面的预报方案。

呷姑断面预报方案采用四合站流量资料按汇流单位线演算到呷姑断面，利用区间四合、博科、渲洼、呷姑等雨量资料建立新安江模型和水箱模型降雨径流预报方案。两者组合作为呷姑断面的预报方案。

盖租断面利用永宁、前所、左所、盖租等雨量资料建立新安江模型和水箱模型降雨径流预报方案。

巴基站利用宁蒗雨量资料建立新安江模型和水箱模型降雨径流预报方案。

甲米断面利用元宝、卫城、棉垭、者布凹、岔丘、乌木、甲米等雨量资料建立新安江模型和水箱模型降雨径流预报方案。

列瓦断面的预报方案由以下几方面组合而成：呷姑、盖租、巴基、甲米的流量资料按照汇流单位线演算到列瓦站；利用呷姑、盖租、巴基、甲米—列瓦区间的黄泥巴、长柏、大草等雨量资料建立新安江模型和水箱模型的降雨径流模型预报方案。

锦屏一级水电站的预报方案由卡拉出库流量、列瓦流量按照汇流单位线演算到锦屏一级断面；同时利用区间913林场、912林场、洼里、下麦地、瓜别等雨量资料建立新安江模型和水箱模型预报方案。两者组合作为锦屏一级水电站的预报方案。

由于锦屏一级水电站已经截流形成围堰水库，并且率定有水位库容关系曲线，因此锦屏一级水电站的施工水尺预报采用水位系数法和调洪演算法进行预报；采用经过调洪演算法计算的实测入库流量对预报结果进行校正。

8. 锦屏二级水电站预报方案

锦屏二级水电站坝址位于雅砻江干流锦屏一级水电站下游，其间距离较短，没有支流汇入，也没有布设雨量站，在锦屏二级断面布有2个水位站：锦屏二级围堰上和锦屏二级围堰下，用于观测锦屏二级围堰上下游水位。

锦屏二级水电站的预报方案为：直接利用锦屏一级水电站的出库流量按汇流单位线演算到锦屏二级水电站作为锦屏二级水电站的预报流量。

锦屏二级水电站已经截流，因此对锦屏二级施工水尺预报采用水位系数法和调洪演算法进行预报；采用经过调洪演算法计算的实测入库流量对预报结果进行校正。

9. 官地水电站预报方案

官地水电站位于雅砻江干流锦屏二级水电站下游，其坝址下游不远设有打罗水文站。锦屏二级—官地区间有支流子耳河、九龙河汇入，区间有水文站3个，其中干流布设有锦屏、泸宁水文站，支流九龙河布设有乌拉溪水文站，泸宁水文站为官地水电站的入库控制站。区间有雨量站10个，子耳河布设有子耳站；九龙河布设有九龙、斜卡站；干流布设有健美、张家、麦地、磨房沟、巴折、岳家铺子、大桥等雨量站。

泸宁断面预报方案采用锦屏二级水电站预报流量、乌拉溪流量按汇流单位线演算到泸宁水文站（其间采用锦屏水文站流量资料进行校正）；利用锦屏、子耳、健美、九龙、斜卡、张家、泸宁等站雨量资料建立区间新安江模型与水箱模型降雨径流模型预报方案。两者组合作为泸宁断面的预报方案。

官地水电站的预报方案采用泸宁站流量按汇流单位线演算到官地电站，与利用麦地、磨房沟、巴折、岳家铺子、大桥等雨量站资料建立新安江模型与水箱模型等区间预报模型方案组合而成。

官地水电站已经截流，因此对官地施工水尺预报采用水位系数法和调洪演算法进行预报；采用经过调洪演算法计算的实测入库流量对预报结果进行校正。

需要指出的是，在锦屏二级水电站投入运行后，其发电流量将直接从引水隧洞穿越锦屏山流入雅砻江中。从而很大一部分流量将不会经过泸宁站，锦屏二级到官地的汇流时间将会进一步缩短。因此在方案中设置一个虚拟站来代表锦屏二级的发电流量。在锦屏二级水电站投入运行后，官地水电站的预报方案采用泸宁站、虚拟站流量共同按照汇流单位线汇流及区间预报组合的方式。

10. 二滩水电站预报方案

二滩水电站位于雅砻江干流官地水电站下游，是目前雅砻江干流唯一投入运行的水电站。官地—二滩区间有支流树瓦河、藤桥河、鳡鱼河汇入。共设有打罗、树河两个水文站，布设有金河、煌猷、麦地沟、共和、国胜、温泉、渔门、阿比里、冷水箐等10个雨量站。

树河水文站的预报方案采用麦地沟、树河雨量资料建立新安江模型和水箱模型预报方案。

二滩水电站的入库流量预报采用官地水电站的出库流量、树河流量按汇流单位线演算到二滩水库，利用打罗站流量进行校正；利用金河、煌猷、共和、国胜、温泉、渔门、阿比里、冷水箐等站雨量资料建立新安江模型与水箱模型等降雨径流模型预报方案。共同组合成为二滩水电站的入库流量预报方案。

11. 桐子林水电站预报方案

桐子林水电站位于二滩水电站下游雅砻江干流之上，是雅砻江流域最后一级水电站，桐子林水电站上游10km处有大支流安宁河汇入，桐子林水电站的入库洪水主要由二滩水电站的出库流量与安宁河来水组成，二滩水电站的出库流量可以得到。因此二滩—桐子林的水情预报主要取决于支流安宁河的预报方案。

二滩—桐子林区间干流布设有小得石、桐子林水文站，小得石站为二滩水电站的出库控制站，桐子林站为桐子林水电站的出库控制站；安宁河上布设有泸沽、孙水关、黄水、罗乜、米易、湾滩水文站，湾滩站为安宁河的控制站；安宁河下游暴雨较大，雨量站点布设较密，在黄水—湾滩区间共布设有麻栗、乐耀、茨达、和平、岔河、云甸、益门、黄草、坊田、撒莲、头碾等11个雨量站。

黄水断面预报方案采用泸沽、孙水关流量按汇流单位线演算到黄水站；利用泸沽、孙水关、黄水雨量资料建立新安江模型和水箱模型预报区间流量，二者组合作为黄水断面预报方案。

罗乜断面预报方案采用黄水站流量按汇流单位线演算到罗乜站，利用黄水—罗乜区间麻栗、和平、茨达、乐耀、益门、岔河、罗乜等站雨量资料建立新安江模型和水箱模型，预报方案由两者组合而成。

米易站预报方案采用罗乜站流量按汇流单位线演算到米易站，利用罗乜—米易区间黄草、云甸、米易等站雨量资料建立新安江模型和水箱模型，预报方案由两者组合而成。

湾滩站预报方案采用米易站流量按汇流单位线演算到湾滩站，利用米易—湾滩区间坊田、撒莲、头碾等站的雨量资料建立新安江模型和水箱模型，预报方案由两者组合而成。

由于二滩水电站距桐子林水电站较近，且湾滩水文站与桐子林水电站距离很近，汇流时间均为1h左右，二滩、湾滩—桐子林区间未控面积较小，因此直接利用二滩水电站的出库流量与湾滩站预报流量叠加作为桐子林水电站的预报流量。

3.4.4 雅砻江流域预报方案构建
3.4.4.1 流域离散
1. 块划分

根据雅砻江流域自然地理特性、水文气象特征及梯级水电站的分布特点，以及水文站网的布设情况，将雅砻江流域分为31个块，流域分块情况具体见表3.21。

表3.21　　　　　　　　　雅砻江流域分块一览表

序号	河 名	断面	类型	控制面积/km²	备 注
1	鲜水河	炉霍	河道	12191	鲜水河中游控制站，道孚站的入流站
2	鲜水河	道孚	河道	14465	鲜水河控制站，两河口断面的入流站
3	雅砻江	新龙	河道	36685	和平站入流站
4	雅砻江	共科	河道	41203	两河口断面的入流站
5	雅砻江	扎巴	河道	1340	庆大河控制站、两河口断面入流站
6	雅砻江	两河口	施工期	64608	两河口水电站的预报断面
7	雅砻江	雅江	河道	65857	牙根断面入流站
8	理塘河	四合	河道	8150	呷姑站的入流站
9	理塘河	呷姑	河道	9162	列瓦站的入流站
10	永宁河	盖租	河道	1753	永宁河控制站，列瓦站的入流站
11	巴基河	巴基	河道	1073	巴基河控制站，列瓦站的入流站
12	甲米河	甲米	河道	4017	甲米河控制站，列瓦站的入流站
13	小金河	列瓦	河道	17812	小金河控制站，锦屏一级断面的入流站

续表

序号	河 名	断面	类型	控制面积/km²	备 注
14	雅砻江	牙根	规划期	70045	牙根水电站的预报断面
15	力丘河	甲根坝	河道	2645	力丘河控制站
16	雅砻江	楞古	规划期	74031	楞古水电站的预报断面
17	雅砻江	孟底沟	规划期	75957	孟底沟水电站的预报断面
18	雅砻江	杨房沟	规划期	77092	杨房沟水电站的预报断面
19	雅砻江	卡拉	规划期	78227	卡拉水电站的预报断面
20	雅砻江	锦屏一级	施工期	102139	锦屏一级水电站的预报断面
21	雅砻江	锦屏二级	施工期	102544	锦屏二级水电站的预报断面，泸宁站的入流站
22	九龙河	乌拉溪	河道	2413	九龙河控制断面，泸宁站的入流站
23	雅砻江	泸宁	河道	108083	官地断面的入流站
24	雅砻江	官地	施工期	110117	官地水电站的预报断面
25	树瓦河	树河	河道	460	树瓦河控制站
26	雅砻江	二滩	运行期	116490	二滩水电站的预报断面
27	安宁河	黄水	河道	6604	安宁河中游控制站，罗乜站的入流站
28	安宁河	罗乜	河道	9151	安宁河下游控制站，米易站的入流站
29	安宁河	米易	河道	9825	安宁河下游控制站，湾滩站的入流站
30	安宁河	湾滩	河道	11100	安宁河控制站，桐子林断面的入流站
31	雅砻江	桐子林	施工期	128363	桐子林水电站的预报断面

由于干流上仍有部分水电站还在建设阶段，因此利用其附近水文站作为其的代替断面，这样可以利用水文站的实测流量对预报成果进行校正，如楞古断面暂时用吉居断面代替，杨房沟断面暂时用麦地龙断面代替。同时对各预报断面的入流做了修正，如考虑了锦屏二级发电流量，其发电用水通过裁弯取直的尾水渠道，直接下泄到下游河道，将其作为官地断面的入流流量之一。

除了干流上一级入库控制站，支流的汇入也是水电站入库洪水的重要组成部分，为了满足各级水电站对洪水预报的要求，结合系统覆盖区内的河流分布和水利水电工程以及水情自动测报系统建设情况，选择支流上的20个水文站作为洪水预报控制断面，支流上的其余5个水文站（泥柯、东谷、濯桑、孙水关、泸沽）作为系统的边界条件输入。

2. 单元划分

根据分块区间内的雨量站分布及子流域情况，对分块进行单元划分，设置各单元包含的雨量测站，并为其设置权重。以两河口断面为例说明。

两河口分块是指共科、道孚、扎巴—两河口断面的区间流域，面积8940km²，区间布设有共科、君坝、呷柯、给地、孜拖西、曲入、普巴绒、拉日马、亚卓、扎巴、仲尼、甲斯孔、瓦日等13个雨量站。

将两河口块分为4个计算单元，确定各单元的流域面积，各单元中雨量站权重采用泰森多边形及人工经验计算。两河口块单元划分见表3.22。

表 3.22 两河口块单元划分表

块序号	描述	控制断面	块面积	单元数	各单元面积/km²	各单元雨量站	各单元雨量站权重
9	共科、道孚、扎巴—两河口	两河口	8940	4	1890	共科、君坝、呷柯、给地	0.25，0.25，0.25，0.25
					1333	孜拖西、曲入、普巴绒	0.4，0.4，0.2
					3580	拉日马、亚卓、扎巴、仲尼	0.2，0.3，0.2，0.3
					2137	甲斯孔、瓦日	0.5，0.5

3. 块信息设置

采用相同的方法对各分块进行单元划分，并设置各分块的控制站、出流站、校正站、入流断面，则流域的离散化工作完成，见表 3.23。

表 3.23 雅砻江流域离散化表

序号	描述	控制断面	块面积	单元数	各单元面积/km²	各单元雨量站	各单元雨量站权重	控制站	出流站	校正站	入流断面
1	东谷以上	东谷	6000	1	6000	东谷	1.0	东谷	东谷	东谷	
2	泥柯以上	泥柯	6000	1	6000	泥柯	1.0	泥柯	泥柯	泥柯	
3	甘孜以上	甘孜	33119	1	33119	甘孜	1.0	甘孜	甘孜	甘孜	
4	东谷、泥柯—炉霍	炉霍	3653	2	1470	东谷、炉霍	0.5，0.5	炉霍	炉霍	炉霍	东谷、泥柯
					2183	泥柯、炉霍	0.5，0.5				
5	炉霍—道孚	道孚	2274	1	2274	炉霍、道孚	0.5，0.5	道孚	道孚	道孚	炉霍
6	甘孜—新龙	新龙	3760	1	3760	甘孜、大盖、新龙	0.2，0.6，0.2	新龙	新龙	新龙	甘孜
7	新龙—共科	共科	4518	2	2133	新龙、皮察	0.3，0.7	共科	共科	共科	新龙
					2385	觉悟、共科	0.7，0.3				
8	扎巴以上	扎巴	1340	2	549	龙灯	1.0	扎巴	扎巴	扎巴	
					791	八美、扎巴	0.7，0.3				
9	共科、道孚、扎巴—两河口	两河口	8940	4	1890	共科、君坝、呷柯、给地	0.25，0.25，0.25，0.25	两河口导进口	雅江	雅江	共科、道孚、扎巴
					1333	孜拖西、曲入、普巴绒	0.4，0.4，0.2				
					3580	拉日马、亚卓、扎巴、仲尼	0.2，0.3，0.2，0.3				
					2137	甲斯孔、瓦日	0.5，0.5				

续表

序号	描述	控制断面	块面积	单元数	各单元面积/km²	各单元雨量站	各单元雨量站权重	控制站	出流站	校正站	入流断面
10	两河口—雅江	雅江	1249	1	1249	雅江、八角楼	0.2, 0.8	雅江	雅江	雅江	两河口
11	濯桑以上	濯桑	3000	1	3000	濯桑	1.0	濯桑	濯桑	濯桑	
12	濯桑—四合	四合	5046	1	5046	濯桑、查布朗、四合	0.2, 0.6, 0.2	四合	四合	四合	濯桑
13	四合—呷姑	呷姑	1012	1	1012	四合、博科、渲洼、呷姑	0.25, 0.25, 0.25, 0.25	呷姑	呷姑	呷姑	四合
14	盖租以上	盖租	1753	3	837	永宁	1.0	盖租	盖租	盖租	
					353	前所	1.0				
					563	左所、盖租	0.4, 0.6				
15	巴基以上	巴基	1000	1	1000	巴基、宁蒗	0.5, 0.5	巴基	巴基	巴基	
16	甲米以上	甲米	4017	5	868	元宝	1.0	甲米	甲米	甲米	
					711	卫城	1.0				
					591	者布凹、棉垭	0.5, 0.5				
					727	岔丘、大草	0.5, 0.5				
					1120	乌木、甲米	0.5, 0.5				
17	甲根坝以上	甲根坝	2645	1	2645	新都桥、甲根坝	0.6, 0.4	甲根坝	甲根坝	甲根坝	
18	甲根坝、雅江—吉居	吉居	8174	5	2261	坷垃、得差	0.5, 0.5	吉居	吉居	吉居	雅江、甲根坝
					1924	苦则、雅江	0.4, 0.6				
					1039	色乌绒	1.0				
					1534	生古桥	1.0				
					1414	普巴绒、恶古	0.5, 0.5				
19	吉居—杨房沟	杨房沟	2991	1	2991	孟底沟、杨房沟导进口、麦地龙	0.7, 0.15, 0.15	杨房沟导进口	麦地龙	麦地龙	吉居
20	呷姑、盖租、巴基、甲米、杨房沟—锦屏一级	锦屏一级	6467	3	1807	盖租、巴基、甲米、长柏、下麦地	0.2, 0.2, 0.2, 0.2, 0.2	锦屏一级入流	锦屏	锦屏一级入流	呷姑、盖租、巴基、甲米、杨房沟
					3047	下田镇、913林场、912林场、洼里、察地沟、矮子沟、洪水沟大桥	0.2, 0.2, 0.2, 0.1, 0.1, 0.1, 0.1				
					1613	下麦地、瓜别、巴折	0.3, 0.3, 0.4				

序号	描述	控制断面	块面积	单元数	各单元面积/km²	各单元雨量站	各单元雨量站权重	控制站	出流站	校正站	入流断面
21	锦屏一级—锦屏二级	锦屏二级	405	1	405	锦屏、印把子沟	0.5，0.5	锦屏二级入流	锦屏二级下泄流量	锦屏二级入流	锦屏一级
22	锦屏二级发电流量	锦屏二级发电流量						锦屏二级发电流量	锦屏二级发电流量	锦屏二级发电流量	
23	锦屏二级—官地	官地	7573	5	2413	九龙、乌拉溪	0.6，0.4	官地入流	打罗	官地入流	锦屏二级、锦屏二级发电流量
					1563	锦屏、子耳、健美	0.3，0.3，0.4				
					1563	踏卡、张家、泸宁	0.3，0.3，0.4				
					1028	健美、麦地	0.5，0.5				
					1006	磨房沟、腊卧沟、转地沟、打罗	0.2，0.2，0.2，0.4				
24	官地—二滩	二滩	6373	3	1709	打罗、金河、煌猷、麦地沟	0.2，0.2，0.3，0.3	二滩入流	二滩出流	二滩入流	官地
					1645	麦地沟、树河、共和、普威	0.2，0.2，0.3，0.3				
					3019	国胜、渔门、温泉、阿比里、冷水箐	0.2，0.2，0.2，0.2，0.2				
25	泸沽以上	泸沽	1400	1	1400	泸沽	1.0	泸沽	泸沽	泸沽	
26	孙水关以上	孙水关	1400	1	1400	孙水关	1.0	孙水关	孙水关	孙水关	
27	泸沽、孙水关—黄水	黄水	2918	1	2918	泸沽、孙水关、黄水河道	0.3，0.4，0.3	黄水河道	黄水河道	黄水河道	孙水关、泸沽

续表

序号	描述	控制断面	块面积	单元数	各单元面积/km²	各单元雨量站	各单元雨量站权重	控制站	出流站	校正站	入流断面
28	黄水—罗乜	罗乜	2547	4	487	麻栗、黄水河道	0.7, 0.3	罗乜	罗乜	罗乜	黄水
					573	和平、茨达	0.5, 0.5				
					888	益门、云甸、岔河	0.3, 0.3, 0.4				
					599	乐跃、罗乜	0.6, 0.4				
29	罗乜—米易	米易	978	1	978	罗乜、黄草、云甸、米易	0.25, 0.25, 0.25, 0.25	米易	米易	米易	罗乜
30	米易—湾滩	湾滩	1275	1	1275	米易、坊田、头碾、撒莲、湾滩	0.2, 0.2, 0.2, 0.2, 0.2	湾滩	湾滩	湾滩	米易
31	二滩、湾滩—桐子林	桐子林	773	1	773	湾滩、桐子林	0.5, 0.5	桐子林入流	桐子林出流	桐子林入流	二滩、湾滩

4. 流域分片

根据雅砻江流域自然地理特性、水文气象特征、梯级水电站的分布特点，以及水文站网的布设情况，将雅砻江流域大致分为 4 个区域，分别是：甘孜以上、甘孜—雅江、雅江—锦屏、锦屏—桐子林。甘孜—雅江区间有规划的两河口水电站；雅江—锦屏区间规划有牙根、楞古、孟底沟、杨房沟、卡拉等水电站；锦屏—桐子林区间有锦屏一级、锦屏二级、官地、二滩、桐子林水电站。流域分片见表 3.24。

表 3.24　　　　　　　流域分片表

分片序号	分片名称	包含的块
1	甘孜以上	东谷、泥柯、甘孜
2	甘孜—雅江	炉霍、道孚、新龙、共科、扎巴、两河口、雅江
3	雅江—锦屏	濯桑、四合、呷姑、盖租、巴基、甲米、甲根坝、吉居、杨房沟、锦屏一级、锦屏二级
4	锦屏—桐子林	官地、二滩、泸沽、孙水关、黄水、罗乜、米易、湾滩、桐子林

3.4.4.2　预报模型选择

雅砻江流域多年平均年降水量为 500～2470mm，分布趋势由北向南递增。甘孜、道孚以北，多年平均年降水量为 500～650mm；甘孜、道孚以南至大河湾，由西向东为600～900mm，大河湾以南为 700～2470mm。总体而言，雅砻江流域为湿润半湿润地区。

新安江模型是由原华东水利学院赵人俊教授等提出，并在近代山坡水文学的基础上改进成为现在的三水源新安江模型，适用于湿润半湿润地区。新安江模型是分散型结构，它把流域分成许多块单元流域，对每个单元流域作产汇流计算，得出单元流域的出口流量过程。再进行出口以下的河道洪水演算，求得流域出口的流量过程。每个单元流域的出流过程相加，就求得了流域出口的总出流过程。模型设计成为分散性主要是为了考虑降雨分布不均的影响，其次也便于考虑下垫面条件的不同及其变化，特别是大型水库建设等人类活动的影响。

水箱模型又称坦克（Tank）模型，是通过降雨过程计算径流过程的一种概念性降雨径流模型，通过设置一系列的水箱模拟流域的产汇流过程。与新安江模型类似，水箱模型也是分散性结构，适用于对大中小各种类型流域的模拟计算。模型适用性广，在湿润、干旱地区均有应用。模型已在美国、澳大利亚、喀麦隆和东南亚一带应用，在我国也有应用。

雅砻江流域洪水预报方案产汇流预报模型选择新安江模型和水箱模型；河道汇流计算采用马斯京根分段演算法；水位预报模型采用水位系数法以及调洪演算法。雅砻江流域断面预报模型配置见表3.25。

表 3.25　　　　　　　　　　　雅砻江流域断面预报模型配置表

序号	断面名称	产汇流模型	水位预报模型	序号	断面名称	产汇流模型	水位预报模型
1	东谷	新安江模型、水箱模型、马斯京根法		17	甲根坝	新安江模型、水箱模型、马斯京根法	
2	泥柯			18	吉居		
3	甘孜			19	杨房沟		
4	炉霍			20	锦屏一级		水位系数法、调洪演算法
5	道孚			21	锦屏二级		水位系数法
6	新龙			22	锦屏二级发电流量		
7	共科			23	官地		水位系数法、调洪演算法
8	扎巴			24	二滩		调洪演算法
9	两河口		水位系数法	25	泸沽		
10	雅江			26	孙水关		
11	濯桑			27	黄水		
12	四合			28	罗乜		
13	呷姑			29	米易		
14	盖租			30	湾滩		
15	巴基			31	桐子林		水位系数法
16	甲米						

3.4.4.3　计算时段

雅砻江流域面积相对较大，各预报断面的预见期相对较长，根据收集的资料和水电站实际预报的需要，选择3h作为洪水预报计算时段比较合适。

3.4.4.4　实时校正

实时校正是指利用流域上预报变量（水位、流量）现时实测值信息，对预报计算值进行逐时段的修正，使预报过程更接近即将发生的实测成果。选择常用的实时校正模型——自回归模型对各断面的预报流量进行校正。

3.4.5　预报方案转换

雅砻江流域水能资源丰富，规划的 11 个水电站中两河口为多年调节水库，锦屏一级为年调节水库，当水库蓄水发电后，将会对相应库区内的测站造成影响，有的测站将被淹没，洪水传播时间也将发生变化，因此涉及水情预报方案从施工期到运行期的转变问题。

3.4.5.1　测站变化及调整

（1）雨量遥测站。两河口水库蓄水后，仲尼、亚卓、普巴绒等三个雨量站将会被淹没。普巴绒位于和平—两河口区间，仲尼、亚卓位于道孚—两河口区间。此时需要在洪水预报系统分块参数表中调整这三个雨量站所在单元中的雨量站数目，并重新对相应单元中剩余雨量站分别设置权重。如果因为站点变动需要增加、删除降雨径流单元时，可以在洪水预报系统提供的参数设置功能中进行修改。

（2）水位遥测站。锦屏一级水库蓄水后，列瓦水位站将被淹没，原来水位流量关系将不再适用，此时可以将方案中设计的第 13 分块（呷姑、盖租、巴基、甲米—列瓦）取消，与第 20 分块（卡拉、列瓦—锦屏一级）合并，重新划分单元并设置相应的雨量站及其权重；由于水库蓄水，河道汇流时间将会缩短，需要重新设置呷姑—锦屏一级、盖租—锦屏一级、巴基—锦屏一级、甲米—锦屏一级的河道汇流单位线。

3.4.5.2　水电站变化及调整

随着水电站建设的进行，在施工期还未截流的阶段，水位预报方法采用水位系数法；当水电站截流形成围堰水库后，水位预报方法采用调洪演算法，需要注意的是在此需要注意的是由于围堰水库的水位库容关系误差、库水位观测误差、库水位代表性误差等，可能导致调洪演算法在运行过程中产生较大误差，同时经过调洪演算计算的下泄流量、反算的入库流量可能不准确，在实际运行中需要对以上几个方面进行检查纠错，以提高计算的流量的精度。

两河口为多年调节水库、锦屏一级为年调节水库，水库库容较大，河道回水长度长，水库形成后对汇流有着明显影响，需要对汇流计算方法及参数进行调整。

第 4 章

模 型 参 数 率 定

水文模型由模型结构和模型参数构成，一旦模型结构确定下来，模型参数是影响洪水预报结果非常重要的因素[15]。流域水文模型的物理概念比较明确，但模型参数较多，其中有很多需要通过优选才能确定取值的参数。优化模型参数值以使洪水过程拟合最好的过程即为参数率定[16-17]。

4.1 模型参数率定方法

模型中随流域降雨径流特性以及下垫面条件不同而参数各异，如各土层蓄水容量、自由水库容量、蒸散发系数、水流的出流和消退系数等，一般需采用系统分析方法来确定。以降雨、蒸发作为系统的输入，在确定一组待求参数的条件下，通过模型运算，最后输出流域出口断面处的流量过程，经过对参数的不断调整，使计算和实测的流量过程拟合最佳，这种方法称为目标最佳拟合法，是优选模型参数的最有效方法。目标最佳拟合的准则常具体化为一个目标函数，并使其达到最优。通常采用的目标函数有误差平方和准则、误差绝对值和准则、确定性系数准则等[18]。值得注意的是，不同的目标函数体现了人们对模拟成果的不同要求。因此，在优选模型参数时，必须根据具体情况，选用一种适宜的目标函数。

4.1.1 目标函数

（1）误差平方和：

$$BO = \sum_{i=1}^{n} (Q_{Ct} - Q_{Ot})^2 \tag{4.1}$$

（2）误差绝对值和：

$$BO = \sum_{i=1}^{n} |Q_{Ct} - Q_{Ot}| \tag{4.2}$$

（3）确定性系数：

$$N_S = 1 - \sum_{i=1}^{n} [Q_{Ot} - Q_{Ct}]^2 \bigg/ \sum_{i=1}^{n} [Q_{Ot} - Q_{AO}]^2 \tag{4.3}$$

式中：Q_{Ot} 为实测流量；Q_{Ct} 为计算流量；Q_{AO} 为实测流量均值；n 为资料序列长度。

4.1.2　优选方法

参数优选常用的方法有人工优选、自动优选以及人机对话优选等几种。

1. 人工优选

人工优选即人工调试，就是在人们的知识经验范围内，从各种参数组成的方案中，挑选拟合成果最佳的一组参数。从调试经验看，参数的性质不同，对它起决定作用的目标函数也有所不同。根据对各参数灵敏度分析，产流参数主要取决于各时段内水量平衡和水源比例分配；汇流参数则主要取决于洪水过程的形状。

2. 自动优选

数学寻优是通过计算机编制最优化程序由机器自动实现的。最优化方法大体可分为两类：一类是解析法；另一类是数值法。解析法是利用微分学、变分学等经典数学方法，寻找函数的极值。如果欲求在约束条件下函数的极值，称为条件极值。为了应用解析法，最优化问题必须用严格的数学语言来描述，且要求参数对目标函数的一阶和二阶导数存在。数值法又叫搜索法，方法本身并不要求求解问题的目标函数具有严格的解析表达式，仅沿着一些有利于到达极值的搜索途径进行目标函数值计算的各种试验，通过迭代程序来产生最优化问题的近似解，因此，计算工作量很大是此方法的特点。

如果最优化方法按问题叙述的成分分类，则分有约束与无约束目标函数，又有离散型和连续型变量之分。由于上述四种目标函数形式是离散型，函数又是非线性的，一般选用数值搜索法比较适宜，如步长加速法、转轴法、方向加速法以及带有约束条件的惩罚函数法等。

机器自动优选参数较人工调试参数具有省事、成果拟合精度高、标准统一不因人而异等优点。但实践表明，这种方法会带来一些需要设法解决的问题，如求定的参数有时在数学上为最优，而在物理概念上不够合理或不可取。因此模型参数的调试，应该是人机结合。如何在机器优选中体现人工调试经验，是模型参数自动优选的发展方向。

3. 人机对话优选

人机对话优选，可以人为选取一组参数作为第一近似值，然后再自动优选；也可以设计由终端屏幕上显示的输入参数表格形式，由操作人员输入或改变有关参数，通过送进简单的指令，即可在屏幕上输出实测与计算流量过程的对照图形。不断改变参数值来观察两者拟合的精度，最终确定模型的参数。这种方法可以把人工的调试经验和参数的合理取值有效地结合起来。

人机对话优选方法还可以不断充实，发展的方向是，把人工调试与数学寻优两者结合起来，可以在数学寻优过程中，根据事先的需要，设置一些人机对话的控制性语句，在机器自动寻优程序过程中，给以必要的人工干预，以期达到实用精度条件下的参数寻优。

根据过去多年的经验，一般认为人工优选法可以得到较好的参数。不过采用该方法需花费较长的时间，而且从事优选的技术人员必须具备熟练的技巧与经验。用计算机自动优选的优点在于快而简单，但它完全依赖于目标函数，由于不确定地选择初值而给出次优解。在此情况下虽可达到一定的模拟精度，但在实际预报中可能会出现问题，因此，模型参数率定一般采用人工优选与计算机自动优选相结合的方法。

4.1.3　优化算法

常用的优化算法有 SCE-UA 算法[17]、遗传算法[19]、粒子群算法（PSO）[20-21]、蚁群算法[22]等，本书介绍粒子群算法（PSO）。

粒子群算法（PSO）是 Kennedy 和 Eberhart 于 1995 年提出的一种基于对鸟群捕食行为模拟的智能集群优化算法。PSO 属于进化算法的一种，从随机解出发，通过迭代寻找最优解，通过适应度来评价解的品质。PSO 算法规则简单、实现容易、精度高、效率高，广泛应用于函数参数优化领域[23-24]。

PSO 基本思想可以简单地表述为：在一个优化问题的解空间中，每一个可行解被看做一个"粒子"，这些粒子在解空间内不停地飞行，在飞行的过程中根据自身和种群中其他粒子积累的经验不断调整自己的飞行策略，最终这些粒子都趋于解空间中的最优区域，也即所谓的"食物"[20]。

PSO 算法的数学描述如下：在一个 n 维的搜索空间中，由 m 个粒子组成一个种群，即 $X = \{x_1, x_2, x_3, \cdots, x_i, \cdots, x_m\}^{\mathrm{T}}$，第 i 个粒子的位置为 $x_i = (x_{i1}, x_{i2}, x_{i3}, \cdots, x_{in})$，其速度为 $V_i = (V_{i1}, V_{i2}, V_{i3}, \cdots, V_{in})$，粒子的个体极值为 $P_i = (P_{i1}, P_{i2}, P_{i3}, \cdots, P_{in})$，种群的全局极值为 $P_g = (P_{g1}, P_{g2}, P_{g3}, \cdots, P_{gn})$，基本 PSO 算法的粒子在搜索过程中通过式（4.4）和式（4.5）不断地进行位置和飞行速度的更新：

$$V_{id}^{(t+1)} = V_{id}^{(t)} + c_1 r_1 (P_{id}^{(t)} - x_{id}^{(t)}) + c_2 r_2 (P_{gd}^{(t)} - x_{id}^{(t)}) \tag{4.4}$$

$$x_{id}^{(t+1)} = x_{id}^{(t)} + V_{id}^{(t+1)} \tag{4.5}$$

其中：$d = 1, 2, 3, \cdots, n$，$i = 1, 2, 3, \cdots, m$。

式中：n 为粒子的维数；m 为种群的规模；t 为当前的迭代步数；r_1、r_2 分别为 0 和 1 之间的随机数；c_1、c_2 为加速度常数。

粒子的维数 n 与具体的研究问题有关，例如在率定马斯京根法参数时，有 3 个参数需要率定，那么 $n = 3$；在新安江模型参数率定时，有 13 个参数需要率定，则 $n = 13$。

种群规模 m 影响算法的稳定性和效率，m 取值越大，PSO 算法的稳定性越好，但同时计算量也较大，耗时长，计算效率较低。因此在对精度要求较高时可选择较大的种群规模，对计算效率要求较高时选择较小的种群规模，种群规模 m 的取值范围一般为 $[50, 100]$[132]。

从式（4.4）可以看出，粒子飞行速度更新公式包括三部分：第一部分是粒子的历史飞行速度，说明了粒子目前的状态，起到平衡全局和局部搜索能力的作用；第二部分是粒子自身的认识，表示粒子在飞行过程中自身的思考；第三部分是粒子的社会认识，表示粒子群中各粒子之间信息的交流。三个部分共同作用，决定了粒子的空间搜索能力。

传统的粒子群算法容易陷入局部极小值，影响 PSO 算法找到全局最优值，为了提高 PSO 算法的优化性能，平衡算法的全局搜索能力和局部搜索能力，文献［21］对基本 PSO 算法进行了改进，在基本 PSO 算法的基础上引进了惯性权重项 ω，提出了标准 PSO 算法。式（4.4）也相应地修正为

$$V_{id}^{(t+1)} = \omega V_{id}^{(t)} + c_1 r_1 (P_{id}^{(t)} - x_{id}^{(t)}) + c_2 r_2 (P_{gd}^{(t)} - x_{id}^{(t)}) \tag{4.6}$$

式中 ω 的取值方式有两种：一种是递减策略，惯性权重 ω 满足 $\omega(t) = 0.9 - \dfrac{t}{T} \times 0.5$，其中 t 为当前迭代次数，T 为最大迭代次数；另一种是固定策略，通常取惯性权重为 $[0.4, 0.6]$ 中的某一固定值。

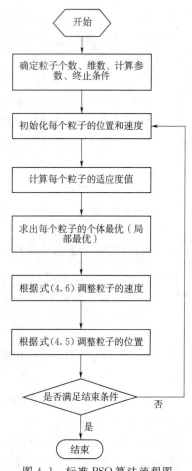

图 4.1　标准 PSO 算法流程图

粒子群算法参数可以自行设定，推荐一组默认值如下：种群规模 m 设置为 70，加速因子 c_1、c_2 均为 2，位置与速度之间的限制系数 k 为 0.729，惯性权重 ω 在 0.5～0.9 之间自适应调整，迭代终止条件设为两次迭代目标函数之差小于 $\varepsilon = 10^{-5}$。

根据 PSO 算法基本思想，可以设计标准 PSO 算法的流程如下[21]：

（1）将优化的问题数学模型化，选定优化问题的目标函数（适应度函数），选定粒子的维数。

（2）初始化算法。对粒子群中的粒子位置和速度进行初始化设定，即在一定的范围内随机产生出每一个粒子的位置和速度。

（3）根据优化问题的目标函数计算每个粒子的适应度值。

（4）对每个粒子，将其当前适应度值与其所经历的最优适应度值进行比较，如果该粒子的当前适应度值更优，那么将当前位置记录为该粒子的局部最优位置。

（5）对每个粒子所经历的最优适应度值与全局最优适应度值进行比较，如果个体粒子的最优适应度值较全局最优适应度值为优，则将其作为全局最优位置。

（6）对每个粒子的位置和飞行速度进行更新。

（7）判断是否达到优化的终止条件。如果满足终止条件，就结束循环，否则返回第（3）步。

标准 PSO 算法流程如图 4.1 所示。

4.2　模型参数率定系统

《水文情报预报规范》（GB/T 22482—2008）对预报方案的编制有着明确的规定，应采用足够多的有代表性的场次洪水资料。编制好的方案应及时进行修正，当流域下垫面条件发生明显变化，或者收集到新的水文气象资料时，需要重新率定模型参数。

4.2.1　历史洪水管理

编制水文预报方案使用的资料，应满足：对于洪水预报方案（包括水库水文预报及水利水电工程施工期预报），要求使用不少于 10 年的水文气象资料，其中应包括大、中、小洪水各种代表性年份，并有足够代表性的场次洪水资料，湿润地区不应少于 50 次，干旱地区不应少于 25 次，当资料不足时，应使用所有洪水资料[25]。

因此在进行模型参数率定之前，需要准备好历史洪水资料。历史洪水信息存储表（ST_HISFLD_B）结构见表 4.1。

表 4.1　　　　　　　历史洪水信息存储表（ST_HISFLD_B）结构

字段名	字段说明	类型	字段长度	小数位数	是否为空	是否主键
BLKCD	断面编码	nvarchar	8		N	Y
FLDID	洪号	nvarchar	10		N	Y
TB	开始时间	datetime			N	Y
TE	结束时间	datetime			N	Y
BACK	备注	nvarchar	100			

注　BLKCD：对应 ST_BLKINF_B 中的断面；FLDID：洪号，10 位编码，以洪峰出现时间表示，年份＋月份＋日期＋小时，yyyymmddhh。

读取某场历史洪水信息时，首先根据历史洪水信息表（ST_HISFLD_B）中的断面编码（BLKCD），从流域分块基本信息表（ST_BLKINF_B）中读取控制站编码；从流域块中单元信息表（ST_BLKCELLINF_B）以及单元中雨量权重信息表（ST_PSTPW_B）中读取该断面包含的雨量站及其权重信息。再根据 TB、TE 从流量、雨量表中读取相应的流量、雨量信息，并计算该断面该场洪水的面雨量。

系统中历史洪水管理界面如图 4.2 所示。界面左侧显示断面的历史洪水列表，右最上方是工具栏，包括图形、表格切换、保存数据至数据库、保存图片、输出数据到 Excel 等。右侧中上方显示洪水过程的雨洪对应图。右侧下方显示洪水的统计结果，包括洪水标识、开始时间、结束时间、雨量、洪峰、峰现时间、雨峰至洪峰时长、洪雨比、洪量等。

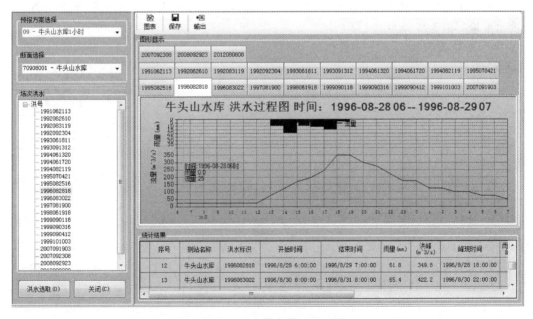

图 4.2　历史洪水管理界面图

历史洪水挑选界面如图 4.3 所示。采用人工挑选的方式，在挑选断面的历史洪水时，首先选择一段时间（通常为一个汛期）的雨洪对应信息，观察雨洪对应情况，挑选出洪水。鼠标左键点击洪水开始时刻，向右侧移动至洪水结束时刻，松开左键即可。该场洪水的统计信息显示在界面右下方的表格中。可以挑选出多场洪水，如果挑选出洪水的开始、结束时间不符合要求，可以通过右键点击左侧列表中的洪水场次对其进行修正。

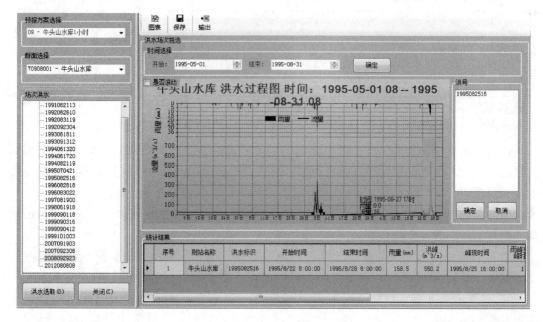

图 4.3　历史洪水挑选界面图

在图形中点击右键显示"查看等值面"，单击即可查看本次洪水的雨量等值面图。历史洪水雨量等值面界面如图 4.4 所示。

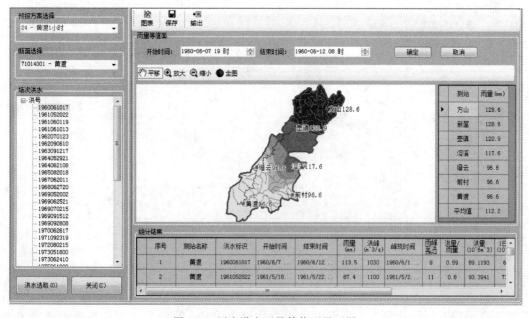

图 4.4　历史洪水雨量等值面界面图

4.2.2 模型参数率定

模型参数率定界面如图 4.5 所示。界面左侧显示预报方案、预报断面、预报模型、历史洪水场次、PSO 算法设置按钮、参数率定、参数检验等按钮。界面右侧最上方为工具栏,右上方为计算图形,下方为率定出的参数值、洪水计算统计表格等。可以对率定出的参数进行修改,并保存至数据库中。

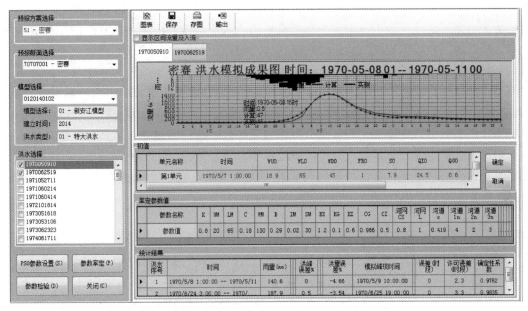

图 4.5 模型参数率定界面图

洪水计算统计结果包括洪峰误差、洪量误差、峰现时间误差、确定性系数等,并可显示出洪水合格率。

在率定模型参数时,选择部分场次进行参数率定,剩余场次进行参数检验。

可左键点击"PSO 参数设置"按钮对优化算法进行设置,粒子群法的相关参数设置界面如图 4.6 所示,包括种群规模、粒子维数、加速因子、位置与速度之间的限制系数、惯性权重 w 设定、迭代终止条件、计算次数、参数选择方式等。其中计算次数设为 10 是因为粒子群算法在计算时,初始粒子是随机给定的,同时由于模型参数异参同效现象,会造

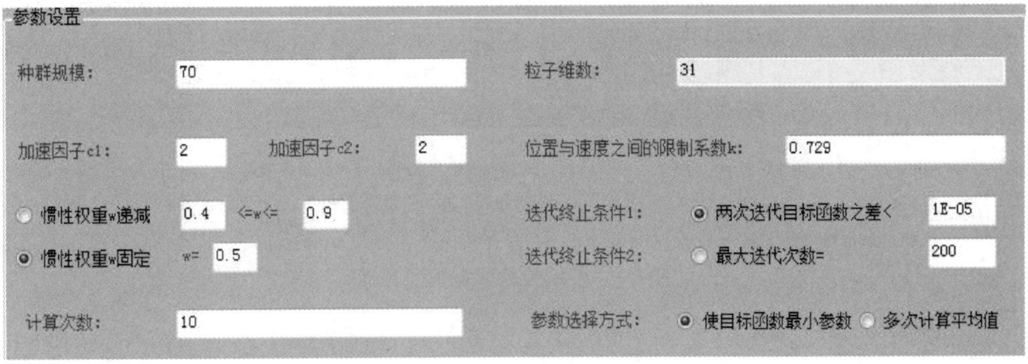

图 4.6 粒子群算法参数设置界面图

成优选结果不稳定的现象。因此，多计算几次，从中选择计算效果最好的一次所对应的模型参数作为最终率定结果。

　　洪水预报模型参数由产汇流模型参数、河网汇流参数、河道汇流参数、入流汇流参数组成。在率定参数时，系统根据设置的预报模型自动排列其参数顺序，对参数同时进行率定。模型参数顺序与参数的取值范围均与模型库中设置的一致。模型参数率定设置界面如图 4.7 所示，产汇流模型分别选择新安江模型、改进的新安江模型、水箱模型，河网汇流方法为滞后演算法，河道汇流方法为马斯京根法，入流汇流方法为马斯京根法。参数的最大值、最小值、推荐值与模型库中的模型一致，对于不敏感参数或者可以通过物理方法确定的参数，系统可以设置不对其进行优化，在"是否优化"行里设置为 0 即可。例如新安江模型中的参数：B 透水面积上蓄水容量曲线的方次、IM 不透水面积占全流域面积比例、EX 自由水蓄水容量曲线的方次、C 深层蒸散发系数等，均为不敏感参数，其值可根据经验给定。汇流计算方法中的汇流时长、河段数等参数，也可通过对流域特性、历史洪水的分析得出。在率定模型参数时，对于能通过经验或资料分析得出的模型参数尽量不要去优化，这是因为，过多地优选参数容易造成异参同效现象，同时也会使得计算的效率降低，增加参数率定的计算时间。

参数名称	K	UM	LM	C	WM	B	IM	SM	EX	KG	KI	CG	CI	河网CS	河网L	河道x	河道1n	河道2n	河道3n	河道4n	入流x	入流1n
最小值	0.5	5	60	0.09	100	0.1	0.01	10	1	0.05	0.05	0.95	0.5	0	0	0.3	0	0	0	0	0.3	0
最大值	1.2	20	90	0.2	180	0.4	0.05	50	1.5	0.65	0.65	0.998	0.9	1	20	0.483	20	20	20	20	0.483	20
推荐值	1	10	75	0.16	130	0.4	0.02	30	1.2	0.35	0.35	0.998	0.9	0.5	1	0.392	3	3	3	0	0.392	3
是否优化	1	1	1	1	1	0	0	1	0	1	1	0	1	1	0	0	0	0	0	0	1	0

（a）新安江模型

参数名称	K	UM	LM	C	WM	B	IM	SM	EX	KG	KI	CG	CI	a	n	fc	EF	inf	河网CS	河网L	河道x	河道1n	河道2n	河道3n	河道4n	入流x	入流1n
最小值	0.5	5	60	0.09	100	0.1	0.01	10	1	0.05	0.05	0.95	0.5	0.2	0.2	2	0.1	0.5	0	0	0.3	0	0	0	0	0.3	0
最大值	1.2	20	90	0.2	150	0.4	0.05	50	1.5	0.65	0.65	0.998	0.9	0.8	1.5	15	0.5	1	1	20	0.483	20	20	20	20	0.483	20
推荐值	1	10	75	0.16	130	0.4	0.02	30	1.2	0.35	0.35	0.998	0.9	0.4	0.5	10	0.2	1	0.5	1	0.392	3	3	3	0	0.392	3
是否优化	1	1	1	1	1	0	0	1	0	1	1	0	1	1	1	1	0	1	1	0	0	0	0	0	0	1	0

（b）改进的新安江模型

参数名称	a11	a12	a21	a31	b1	b2	h11	h12	h21	河网CS	河网L	河道x	河道1n	河道2n	河道3n	河道4n	入流x	入流1n
最小值	0.01	0.01	0.01	0.01	0.01	0.01	5	5	5	0	0	0.3	0	0	0	0	0.3	0
最大值	0.99	0.99	0.99	0.99	0.99	0.99	60	60	60	1	20	0.483	20	20	20	20	0.483	20
推荐值	0.1	0.1	0.1	0.1	0.1	0.1	20	20	20	0.5	1	0.392	3	3	3	0	0.392	3
是否优化	1	1	1	1	1	1	1	1	1	1	0	0	0	0	0	0	1	0

（c）水箱模型

注：河道 1n、河道 2n 分别表示 1、2 单元出口到预报断面的河道汇流分段数；入流 1n、2n 表示第 1、2 个入流出口到预报断面的河道汇流分段数。

图 4.7　模型参数率定设置界面

　　随着参数率定的进行，参数的准确度逐渐提高，目标函数误差逐渐减小，如图 4.8 所示。

模型计算成果以图形、表格、统计值等形式展示。对于有入流汇入的断面，可以通过勾选"显示区间流量及入流"查看，如图4.9所示。

参数率定完成后，系统分别以洪峰、洪量、峰现时间误差判断洪水合格情况，自动统计洪水的合格率。率定出的参数在系统界面显示，用户可以检查参数的合理性，对不合理参数进行修正。将修正后的参数保存在数据库中，即可用于实时作业预报。

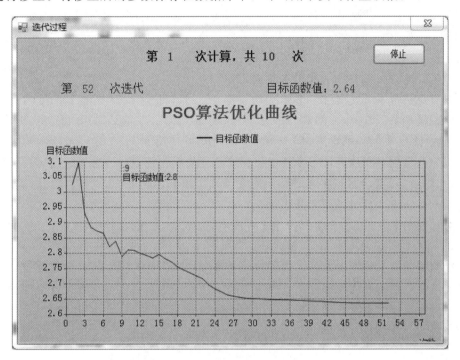

图4.8　模型参数率定迭代过程图

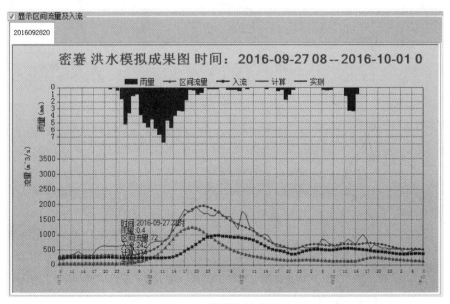

图4.9　模型计算成果图

4.3　实例

4.3.1　流域概况

乌溪江流域属于钱塘江水系，地处浙西南，东靠遂昌湖山乡、大柘乡，西邻江山市，南接龙泉市和福建省浦城县，北毗衢江区，河源大福罗山北麓位于福建省浦城县忠信镇，东经 $118°43'43.83''$，北纬 $28°05'55.44''$，是衢江流域一级支流，流域面积 $2577.3km^2$，沿途流经龙泉、遂昌县，于湖南镇水库河口左岸注入黄坛口水库。河长 155.9km，干流平均坡降 7.5‰，糙率 0.033～0.035，水面宽 82m。

流域属亚热带季风气候区。多年平均气温 16.8℃，极端最高气温 40.1℃（1961 年 7 月 23 日），极端最低气温 −9.9℃（1983 年 12 月 31 日）；多年平均相对湿度 79%，年平均日照指数 1832 小时；平均风速 1.1m/s，最大风速 16.0m/s。

流域为典型的湿润地区，布设有青井、碧龙、住溪、外龙口、独源、官岩、钟埠等雨量站。1964—2012 年，区域多年平均降水量 1903.7mm。其中 2010 年，青井站年降水量达 4109.4mm，1971 年钟埠站年降水量仅 1083.9mm，流域单站间比较，最大年降水量是最小年降水量的 3.8 倍。4—10 月降水量占全年的 73.6%，降水年内、年际、空间变化非常明显。

本次预报断面为钟埠水文站，控制流域面积 $710km^2$，预报站以上流域位于丽水市龙泉市和遂昌县，西南部河源部分位于福建省浦城县。按照泰森多边形划分计算单元，乌溪江钟埠站以上流域水系及雨量站泰森多边形划分如图 4.10 所示。

图 4.10　乌溪江钟埠站以上流域水系及雨量站泰森多边形划分图

各单元面积及权重见表 4.2。

表 4.2   乌溪江流域各单元面积及权重表

单元名称	青井	碧龙	住溪	外龙口	独源	官岩	钟埠	总和
面积/km²	99	171	101	121	79	99	40	710
权重	0.14	0.24	0.14	0.17	0.11	0.14	0.06	1

4.3.2 资料情况

水文预报方案采用的雨量、水位、流量、蒸发资料均由浙江省水文局提供。

4.3.2.1 雨量资料收集

总共收集了 7 个雨量站的逐小时雨量资料，详见表 4.3。

表 4.3   乌溪江流域雨量站资料情况表

序号	站名	站码	资料起止年份		备注
1	青井	70124200	1962	2011	资料站，暴雨：1978—2011 年 10、20、30、45、60、92、120、180、240、360、540、720、1440min 最大降水量，1962—1997 年 1、3、6、12、24、48、72h 最大降水量，1962—2011 年 1、3、7、15、30 天最大降水量；降水摘录：1962—2011 年 4—10 月逐年；1962—2011 年逐年月降水
2	碧龙	70124500	1963	2011	资料站，暴雨：1963—2011 年 1、2、3、6、12、24、48、72h 最大降水量，个别不全，1963—2011 年 1、3、7、15、30 天最大降水量；降水摘录：1963—2011 年 4—10 月逐年；1963—2011 年逐年月降水
3	住溪	70124300	1955	1991	资料站，暴雨：1955—1991 年 10、20、30、45、60、92、120、180、240、360、540、720、1440min 最大降水量，1955—1964 年 1、3、6、12、24、48、72h 最大降水量，1954—1991 年 1、3、7、15、30 天最大降水量；降水摘录：1955—1991 年 4—10 月逐年；1955—1991 年逐年月降水
4	外龙口	70124600	1966	2011	资料站，暴雨：1966—2011 年 1、2、3、6、12、24、48、72h 最大降水量，个别不全，同期 1、3、7、15、30 天最大降水量；降水摘录：1966—2011 年 4—10 月逐年；1966—2011 年逐年月降水
5	独源	70124700	1965	2011	资料站，暴雨：1965—2011 年 1、2、3、6、12、24、48、72h 最大降水量，个别不全，同期 1、3、7、15、30 天最大降水量；降水摘录：1965—2011 年 4—10 月逐年；1966—2011 年逐年月降水
6	官岩	70124900	1966	2011	资料站，暴雨：1966—2011 年 1、2、3、6、12、24、48、72h 最大降水量，个别不全，同期 1、3、7、15、30 天最大降水量；降水摘录：1966—2011 年 4—10 月逐年；1966—2011 年逐年月降水
7	钟埠	70105400	1964	2011	资料站，暴雨：1979—2011 年 10、20、30、45、60、92、120、180、240、360、540、720、1440min 最大降水量，1954—1978 年 1、3、6、12、24、48、72h 最大降水量，1964—2011 年 1、3、7、15、30 天最大降水量；降水摘录：1964—2011 年 4—10 月逐年，1964—2011 年逐年月降水，缺 1968—1970 年

4.3.2.2 洪水资料收集

收集了钟埠水文站的场次洪水资料和大断面资料。洪水资料为 1979—1993 年 4—

10 月的流量摘录，时段长度为 1h，1979—2011 年 3—9 月水位摘录；大断面测量为 1982—1992 年每隔两年进行测量，共有 13 个大断面测量成果。钟埠站详细资料情况见表 4.4。

表 4.4   钟 埠 站 资 料 情 况 表

站名	站码	资料起止年月		水位流量关系	备　注
钟埠	70105400	1979	2011	无	1979—1993 年逐日平均流量值、1964 年 4 月至 1967 年 10 月，1971—2011 年逐日平均水位；6 个不同年份实测大断面，1964—1967 年、1971—1973 年、1979—2011 年 3—9 月水位摘录，1979—1993 年 3—9 月流量摘录

4.3.2.3　蒸发资料收集

蒸发资料选用的是钟埠站日蒸发资料，资料情况见表 4.5。

表 4.5   乌溪江流域蒸发测站资料情况表

站名	站码	资料起止日期		备注
钟埠	70105400	1980 年 1 月 1 日	2011 年 12 月 31 日	资料站，逐日

4.3.2.4　资料处理

由于浙江省水文局已经对收集到的大部分资料进行了一次处理，各种资料比较可靠。只需将雨量、流量、水位和蒸发资料按照一定的格式进行资料整编和计算统计：将雨量资料处理成 1h 时段的雨量值，将水位和流量资料处理成实时水位和流量值，将日蒸发资料处理成各旬的平均 1h 时段蒸发量值。

雨量资料各站起始年份不一致，为不影响因权重分配而使无资料年份的总雨量减少，各站资料均采用有资料的雨量站补齐。由于钟埠站流量资料为 1979—1993 年，模型参数率定和验证仅用到该时间段的雨量资料，故各站雨量资料除住溪站年份为 1955—1991 年外，其余各站均能满足要求，故将住溪站雨量资料补齐到 1993 年。住溪站距离碧龙站较近，故用碧龙站 1992—1993 年的雨量资料为住溪站补充。

雨量资料中在整小时内小于 1h 的雨量按照 1h 时段统计，如 3：12—3：50 时间段内降水 10mm，即认为 3：00—4：00 时段内降水为 10mm；雨量资料中有跨时段的分钟时段雨量按照所跨小时时段的时段长插值后分配到各小时时段内，如 3：20—5：10 时间段内降水 11mm，则认为 3：00—4：00 时段内降水量为 4mm，4：00—5：00 时段内降水量为 6mm，5：00—6：00 时段内降水为 1mm。

流域采用钟埠站的实测日蒸发资料，蒸发资料相对齐全，对于明显错误的资料，如 3 月 29 日和 30 日蒸发量为 0 或有值的记录全部删除，少量缺测的资料不进行统计和计算。模型中利用日实测蒸发量进行产汇流计算；同时，将其资料统计到各旬，计算各旬的日平均蒸发量，然后输入到洪水预报系统调用的数据库中。当蒸发站某年份蒸发资料缺测时，模型则自动选择统计的各旬 1h 时段平均蒸发量进行产汇流计算，此时计算单元采用相同的各旬 1h 时段平均蒸发量，即蒸发量的计算时段长为 1h，钟埠站各旬 1h 蒸发量见表 4.6。

表 4.6 钟埠站各旬 1h 蒸发量表

旬编号	蒸发量/mm	旬编号	蒸发量/mm	旬编号	蒸发量/mm
1	0.044074	13	0.105492	25	0.13572
2	0.042238	14	0.111856	26	0.128876
3	0.037512	15	0.10287	27	0.104242
4	0.045875	16	0.117336	28	0.111263
5	0.047279	17	0.102525	29	0.105985
6	0.042651	18	0.112816	30	0.078237
7	0.061446	19	0.152386	31	0.080492
8	0.052159	20	0.172891	32	0.066705
9	0.056772	21	0.157507	33	0.05423
10	0.068876	22	0.164331	34	0.057785
11	0.084432	23	0.156414	35	0.048389
12	0.090896	24	0.126905	36	0.045078

流量资料 1h 时段内的分钟时段流量认为是该时段的实时流量值，如 18：15 的瞬时流量为 300m³/s，即认为时段初 18：00 的瞬时流量为 300m³/s；若上下两个瞬时流量值间隔大于 1h，则认为中间时段的瞬时流量值为两者的插值，如 18：00 的瞬时流量为 300m³/s，20：00 的瞬时流量值为 350m³/s，则认为 19：00 的瞬时流量值为 325m³/s，若存在跨时段的分钟瞬时流量，处理方法类似。

上述资料经过处理后符合数据库的输入要求，按照格式编制程序输入数据库即可。

4.3.3 场次洪水挑选及分析

针对钟埠站 1979—1993 年 4—10 月的场次洪水，剔除个别只有降水过程没有对应洪水过程的洪水，挑出洪峰流量大于 350m³/s 的洪水共 41 场。对 41 场洪水进行分析，利用实测洪量、每场洪水的平均面雨量和流域面积计算径流系数；统计雨峰出现时间到洪峰出现时间的时段，以此分析预见期，结果见表 4.7。

表 4.7 钟埠站历史洪水统计表

洪水序号	洪 号	开始时间 (年-月-日 时：分)	结束时间 (年-月-日 时：分)	雨量 /mm	洪峰 /(m³/s)	洪量 /10⁶m³	雨峰至洪峰时段	径流系数
1	1979052705	1979－05－25 8：00	1979－05－28 22：00	81.5	374	27.1233	5	0.44
2	1980042817	1980－04－27 8：00	1980－04－29 12：00	67.8	618	42.6701	4	0.84
3	1980080600	1980－08－05 2：00	1980－08－07 8：00	60.6	424	24.4409	4	0.54
4	1980083113	1980－08－30 16：00	1980－09－01 0：00	48.5	469	14.068	4	0.39
5	1981040403	1981－04－02 18：00	1981－04－05 8：00	93.6	681	54.0389	7	0.77
6	1982040308	1982－04－02 14：00	1982－04－04 0：00	60.7	680	23.5472	4	0.51

洪水序号	洪　号	开始时间 （年-月-日 时：分）	结束时间 （年-月-日 时：分）	雨量 /mm	洪峰 /(m³/s)	洪量 /10⁶m³	雨峰至洪峰时段	径流系数
7	1982061711	1982-06-13 20：00	1982-06-18 0：00	194	1280	96.9871	3	0.66
8	1982061920	1982-06-19 0：00	1982-06-20 20：00	84	727	55.1736	6	0.87
9	1983041411	1983-04-13 14：00	1983-04-15 1：00	71.3	735	30.913	3	0.58
10	1983060214	1983-06-01 20：00	1983-06-03 14：00	123	1340	69.0379	3	0.75
11	1983061513	1983-06-13 22：00	1983-06-16 8：00	84.9	947	51.8861	5	0.81
12	1983070902	1983-07-08 8：00	1983-07-09 16：00	39.2	432	24.1582	4	0.82
13	1983071303	1983-07-12 8：00	1983-07-14 1：00	54	552	29.794	3	0.73
14	1984040815	1984-04-07 8：00	1984-04-09 8：00	49.5	439	28.9408	5	0.78
15	1985060416	1985-06-03 15：00	1985-06-05 12：00	105	692	36.8143	7	0.47
16	1987041206	1987-04-10 8：00	1987-04-13 8：00	73.9	374	32.3048	6	0.58
17	1987051607	1987-05-15 8：00	1987-05-17 8：00	56	526	29.6708	5	0.7
18	1987060123	1987-05-31 8：00	1987-06-03 8：00	66	508	30.5446	3	0.61
19	1988051114	1988-05-10 8：00	1988-05-12 16：00	66.1	685	40.4338	4	0.81
20	1988061417	1988-06-13 8：00	1988-06-15 9：00	57.4	482	27.4334	3	0.63
21	1988061916	1988-06-18 20：00	1988-06-20 5：00	89.1	756	41.2472	5	0.61
22	1988092418	1988-09-21 6：00	1988-09-26 8：00	192	425	79.1397	6	0.55
23	1989041306	1989-04-11 8：00	1989-04-14 8：00	78.4	565	38.3222	4	0.65
24	1989052312	1989-05-22 8：00	1989-05-24 8：00	101	1107	58.7088	4	0.77
25	1989052817	1989-05-26 8：00	1989-05-31 5：00	153	660	83.8605	5	0.73
26	1989070115	1989-06-30 20：00	1989-07-02 8：00	73	854	48.8934	3	0.89
27	1989072211	1989-07-21 21：00	1989-07-23 0：00	178	1493	53.6037	4	0.4
28	1990060812	1990-06-06 8：00	1990-06-09 20：00	91	452	43.2754	5	0.63
29	1990061316	1990-06-13 0：00	1990-06-14 9：00	85	896	46.9924	3	0.73
30	1991042802	1991-04-27 8：00	1991-04-28 16：00	42.3	466	23.774	5	0.75
31	1991050509	1991-05-04 4：00	1991-05-06 21：00	71.2	399	36.32	5	0.68
32	1992062309	1992-06-22 8：00	1992-06-24 8：00	52.4	453	28.2546	9	0.72
33	1992062423	1992-06-24 8：00	1992-06-26 4：00	79.9	453	40.8267	5	0.68
34	1992070412	1992-07-03 8：00	1992-07-04 23：00	152	2080	82.3471	4	0.72
35	1992070522	1992-07-05 3：00	1992-07-06 20：00	98.1	871	64.8504	9	0.88
36	1992092315	1992-09-22 8：00	1992-09-25 8：00	62	385	27.3551	5	0.59

洪水序号	洪 号	开始时间 （年-月-日 时：分）	结束时间 （年-月-日 时：分）	雨量 /mm	洪峰 /(m³/s)	洪量 /10⁶m³	雨峰至洪峰时段	径流系数
37	1993061517	1993－06－14 8：00	1993－06－16 9：00	125	1029	61.9175	6	0.66
38	1993062001	1993－06－17 8：00	1993－06－21 0：00	171	830	84.8392	7	0.66
39	1993062220	1993－06－21 8：00	1993－06－23 9：00	50.7	418	29.5132	6	0.77
40	1993062415	1993－06－24 0：00	1993－06－25 4：00	112.1	2330	67.581	3	0.8
41	1993070118	1993－06－29 8：00	1993－07－02 12：00	95.7	582	37.4638	6	0.52

表 4.7 中结果显示，钟埠站洪水历时在 27～122h（1～5 天），平均为 55.2h（2.3天）。洪峰流量多在 10 年一遇以下，最大一场洪水为 1993062415，洪水历时 28h，降雨量为 112.1mm，洪峰流量 2330m³/s，相当于 10～20 年一遇洪水，洪水过程以单峰型为主。雨峰至洪峰出现平均时差为 4.8h，表明主雨峰过后 4.8h 会出现洪峰。41 场洪水的平均径流系数为 0.68，在合理范围之内。

4.3.4 参数率定

洪水预报模型选择三水源新安江模型。预报方案计算时段长为 1h，选用收集到的流域内测站的水文资料进行模型参数调试与检验。选取 1979—1990 年的 29 场洪水进行模型参数的率定，其余 1991—1993 年的 12 场特大洪水和大洪水进行参数检验。采用洪峰流量、洪量和峰现时间评价预报方案的精度。

本次参数率定所选用的目标函数为误差平方和准则，即实测流量和模拟流量差值的平方和最小；参数优化的方法是人机对话优化，即先选取一组参数作为第一近似值，然后计算机自动优选参数，再结合人工经验进行参数调整，找到满足精度要求的一组参数值。

4.3.4.1 率定过程

针对钟埠预报断面的 7 个计算单元进行 1h 时段的模型参数率定。新安江模型所需的输入主要有流域内雨量站雨量及权重、蒸发等资料。7 个计算单元雨量站的权重按照泰森多边形法与人为因素相结合的方法给出，旬平均 1h 时段蒸发量已经计算（见表 4.6），以下主要针对新安江模型参数、河网和河道汇流单位线等进行参数率定和检验。

三水源新安江模型中参数分为蒸散发、产流、水源划分、汇流四个层次，见表 4.8。

表 4.8　　　　　　　　三水源新安江模型层次、功能、方法及参数表

层次	第 1 层次	第 2 层次	第 3 层次	第 4 层次		
功能	蒸散发	产流	水源划分	汇流		
				坡面汇流	河网汇流	河道汇流
方法	三层模型	蓄满产流	自由水蓄水库	线性水库	滞后演算法	马斯京根法
参数	K、UM、LM、C	WM、B、IM	SM、EX、KG、KI	CI、CG	CS、L	Ke、Xe、n

其中蒸发和产流、分水源参数中的 C、B、IM、EX 值相对不敏感，可以根据经验给出，因此先设定这几个参数为定值，其余参数为敏感参数，需要给定取值范围，优选得到。

新安江模型汇流分为坡面汇流、河网汇流和河道汇流。其中坡面汇流分为地表径流、壤中流、地下径流汇流，计算产流进入河道的过程。地表径流直接进入河网，壤中流和地下径流汇流采用线性水库，参数分别为壤中流消退系数 CG、地下径流消退系数 CI。CG、CI 均为敏感参数，需要优选得到。

河网汇流采用滞后演算法，计算阶段为产流进入河道后演算至单元出口的过程。滞后演算法有河网蓄水消退系数 CS 和河网滞后时间 L 两个参数，分别代表对洪水过程的坦化作用和平移作用。其中 CS 需要优选得到，而滞后时间 L 可以通过对历史资料的分析得出。

河道汇流采用马斯京根法，计算阶段为流量从单元出口至流域出口的汇流过程。参数有 Ke、Xe 及河道分段数 n，其中 Ke 等于计算时段长，不需要率定。Xe 为河道槽蓄系数，需要率定。为简化计算，各单元的 Xe 设置为相同值。河道分段数 n 可以看出水流从单元出口到出口断面的传播时间，可以通过对历史资料的分析获得，不需要优选。

根据以上的分析，为新安江模型参数设定取值范围及是否优选以及推荐取值，当不优化时，参数默认为推荐值，见表 4.9。

表 4.9　　　　　　　　　新安江模型参数取值范围及是否优选设置表

参数名称	K	UM	LM	C	WM	B	IM	SM	EX	KG	KI	CG
最大值	0.5	5	60	0.09	100	0.1	0.01	10	1	0.01	0.01	0.95
最小值	1.2	20	90	0.15	150	0.4	0.05	50	1.5	0.05	0.05	0.998
推荐值	1	10	75	0.16	130	0.27	0.02	30	1.2	0.025	0.025	0.998
是否优化	是	是	是	否	是	否	否	是	否	是	是	是

参数名称	CI	河网 CS	河网 L	河道 x	河道 1n	河道 2n	河道 3n	河道 4n	河道 5n	河道 6n	河道 7n
最大值	0.5	0	0	0.3	0	0	0	0	0	0	0
最小值	0.9	1	20	0.483	20	20	20	20	20	20	20
推荐值	0.9	0.5	1	0.392	5	3	3	2	1	1	0
是否优化	是	是	否	是	否	否	否	否	否	否	否

注　"参数名称"一栏中"河道 1n"～"河道 7n"分别表示单元 1～7 出口到模拟或预报断面的河道汇流分段数，下同。

4.3.4.2　率定结果

经分析，钟埠站洪水的平均预见期为 4.8h，因此设置最远单元到出口断面的河道分段数 n 为 5，其余单元的河道分段数视距离长短人工凭经验设置为 3、3、2、1、1、0。滞后演算法参数 L 可取各单元内传播时间的一半。

经过模拟与实测径流过程对比、参数调整、再对比等过程，得到钟埠断面 1h 计算时段下的新安江模型参数，见表 4.10。

表 4.10　　　　　　　　钟埠断面 1h 时段预报方案新安江模型参数

参数名称	K	UM	LM	C	WM	B	IM	SM	EX	KG	KI	CG
参数值	0.9	11	66	0.16	100	0.27	0.02	27	1.2	0.2	0.5	0.974

参数名称	CI	河网 CS	河网 L	河道 x	河道 1n	河道 2n	河道 3n	河道 4n	河道 5n	河道 6n	河道 7n
参数值	0.5	0.77	1	0.38	5	3	3	2	1	1	0

计算出各单元出口到钟埠断面的马斯京根法汇流系数，见表 4.11。

表 4.11   钟埠断面 1h 时段预报方案河网及河道汇流单位线

曲线用途	节点个数	节 点 值
第 1 单元出口—钟埠断面	16	0.007, 0.04, 0.095, 0.15, 0.175, 0.163, 0.13, 0.094, 0.092, 0.039, 0.021, 0.011, 0.007, 0.003, 0.002, 0.001
第 2、3 单元出口—钟埠断面	11	0.019, 0.113, 0.262, 0.289, 0.176, 0.084, 0.035, 0.014, 0.005, 0.002, 0.001
第 4 单元出口—钟埠断面	8	0.038, 0.251, 0.471, 0.174, 0.05, 0.012, 0.003, 0.001
第 5、6 单元出口—钟埠断面	5	0.017, 0.798, 0.085, 0.009, 0.001
第 7 单元出口—钟埠断面	1	1.000

4.3.5 精度评定

根据《水文情报预报规范》（GB/T 22482—2008）和《浙江省〈水文情报预报规范〉(SL 250—2000) 实施细则（试行）》的规定进行评定，洪水预报精度评定项目包括洪峰流量（水位）、洪量（径流量）、洪峰出现时间和洪水过程。钟埠预报断面的新安江模型预报方案精度评定结果见表 4.12。

表 4.12   钟埠断面 1h 时段预报方案率定期合格率统计

预报项目	预报方案精度			
	总场次	合格场次	合格率/%	等级
洪峰、洪量	31	28	90.32	甲级
洪峰、洪量、峰现时间	31	25	80.85	乙级

由表 4.12 可以看出，以实测洪峰流量和实测洪量的 20%、预报根据时间至实测洪峰出现时间之间时距的 30% 作为许可误差，以洪峰洪量两要素评定，合格率为 90.32%，预报方案精度属于甲级；以洪峰、洪量、峰现时间三要素评定，合格率为 75%，方案精度为乙级。

利用 1991—1993 年的 12 场特大洪水和大洪水进行新安江模型参数和预报方案的检验，检验期合格率统计见表 4.13。

表 4.13   钟埠断面 1h 时段预报方案检验期合格率统计

预报项目	预报方案精度			
	总场次	合格场次	合格率/%	等级
洪峰、洪量	12	12	100	甲级
洪峰、洪量、峰现时间	12	9	75	乙级

以洪峰洪量两要素评定，检验期合格率为 100%，预报方案精度属于甲级；以洪峰、洪量、峰现时间三要素评定，检验期合格率为 75%，方案精度为乙级。

表 4.14 与表 4.15 为率定期与检验期各场洪水统计成果表。

表 4.14　钟埂断面 1h 时段预报方案新安江模型率定成果表

洪水序号	时间（年-月-日 时：分）	雨量/mm	模拟洪峰/(m³/s)	实测洪峰/(m³/s)	洪峰误差/%	模拟洪量/10⁶m³	实测洪量/10⁶m³	洪量误差/%	模拟峰现时间（年-月-日 时：分：秒）	实测峰现时间（年-月-日 时：分：秒）	误差（时段长）	许可误差	确定性系数	是否合格
1	1979-05-26 8：00—1979-05-28 22：00	80.1	322	374	-13.9	30.8502	26.7407	15.37	1979-05-27 6：00：00	1979-05-27 5：00：00	1	1.7	0.7878	√
2	1980-04-27 23：00—1980-04-29 12：00	70	553	618	-10.52	36.4878	38.2556	-4.62	1980-04-28 16：00：00	1980-04-28 17：00：00	-1	1.3	0.9295	√
3	1980-08-05 20：00—1980-08-07 8：00	45.6	267	424	-37.03	21.609	22.0124	-1.83	1980-08-06 2：00：00	1980-08-06 0：00：00	2	1.3	0.7314	×
4	1980-08-31 5：00—1980-09-01	40.1	406	469	-13.43	14.6772	13.6469	7.55	1980-08-31 13：00：00	1980-08-31 13：00：00	0	1.3	0.8886	√
5	1981-04-03 17：00—1981-04-05 8：00	86.9	594	681	-12.78	50.8752	44.9807	13.1	1981-04-04 5：00：00	1981-04-04 3：00：00	2	2.3	0.823	√
6	1982-04-02 20：00—1982-04-04	60.9	553	680	-18.68	22.8582	23.2362	-1.63	1982-04-03 9：00：00	1982-04-03 8：00：00	1	1.3	0.9184	√
7	1982-06-16 16：00—1982-06-18	102.7	977	1280	-23.67	60.8634	60.8166	0.08	1982-06-17 11：00：00	1982-06-17 11：00：00	0	1	0.9276	×
8	1982-06-19 9：00—1982-06-20 20：00	78	694	727	-4.54	43.8372	48.8448	-10.25	1982-06-19 22：00：00	1982-06-19 20：00：00	2	2	0.8656	√
9	1983-04-13 21：00—1983-04-15 1：00	71.2	597	735	-18.78	28.7892	29.7225	-3.14	1983-04-14 12：00：00	1983-04-14 11：00：00	1	1	0.9398	√
10	1983-06-02 4：00—1983-06-03 14：00	123	1130	1340	-15.67	64.5246	68.0794	-5.22	1983-06-02 22：00：00	1983-06-02 14：00：00	8	1	0.815	√

续表

洪水序号	时间 (年-月-日 时:分)	雨量 /mm	模拟洪峰 /(m³/s)	实测洪峰 /(m³/s)	洪峰误差 /%	模拟洪量 /10⁶ m³	实测洪量 /10⁶ m³	洪量误差 /%	模拟峰现时间 (年-月-日 时:分:秒)	实测峰现时间 (年-月-日 时:分:秒)	误差 (时段长)	许可误差	确定性系数	是否合格
11	1983-06-15 4:00— 1983-06-16 8:00	54.1	836	947	-11.72	39.9618	38.9124	2.7	1983-06-15 14:00:00	1983-06-15 13:00:00	1	1.7	0.9198	√
12	1983-07-08 19:00— 1983-07-09 16:00	28	408	432	-5.56	17.9262	19.6362	-8.71	1983-07-09 1:00:00	1983-07-09 2:00:00	-1	1.3	0.8082	√
13	1983-07-12 18:00— 1983-07-14 1:00	50.9	542	552	-1.81	25.2018	27.7063	-9.04	1983-07-13 4:00:00	1983-07-13 3:00:00	1	1	0.9073	√
14	1984-04-08 5:00— 1984-04-09 8:00	30.7	423	439	-3.64	24.0678	23.6534	1.75	1984-04-08 15:00:00	1984-04-08 15:00:00	0	1.7	0.8874	√
15	1984-05-31 22:00— 1984-06-02 20:00	61.1	439	429	2.33	35.127	31.0646	13.08	1984-06-01 10:00:00	1984-06-01 9:00:00	1	2	0.834	√
16	1984-05-31 23:00— 1984-06-01 19:00	43.6	389	429	-9.32	16.1208	15.2078	6	1984-06-01 10:00:00	1984-06-01 9:00:00	1	2	0.9369	√
17	1985-06-04 2:00— 1985-06-05 12:00	104.2	602	692	-13.01	36.1926	36.1886	0.01	1985-06-04 17:00:00	1985-06-04 16:00:00	1	3.7	0.9206	√
18	1987-04-11 11:00— 1987-04-13 8:00	38.5	316	374	-15.51	24.5826	26.8742	-8.53	1987-04-12 5:00:00	1987-04-12 6:00:00	-1	1.7	0.8029	√
19	1987-05-15 19:00— 1987-05-17 8:00	55.6	481	526	-8.56	27.009	27.8068	-2.87	1987-05-16 6:00:00	1987-05-16 7:00:00	-1	1.7	0.9193	√
20	1987-06-01 1:00— 1987-06-03 8:00	66.2	429	508	-15.55	27.6822	29.6723	-6.71	1987-06-01 23:00:00	1987-06-01 23:00:00	0	1	0.9166	√

续表

洪水序号	时间（年-月-日 时：分）	雨量/mm	模拟洪峰/(m³/s)	实测洪峰/(m³/s)	洪峰误差/%	模拟洪量/10⁶m³	实测洪量/10⁶m³	洪量误差/%	模拟峰现时间（年-月-日 时：分：秒）	实测峰现时间（年-月-日 时：分：秒）	误差（时段长）	许可误差	确定性系数	是否合格
21	1988-05-11 4：00—1988-05-12 16：00	61.9	735	684.5	7.38	36.0576	36.3861	-0.9	1988-05-11 15：00：00	1988-05-11 14：00：00	1	1.3	0.9395	√
22	1988-06-14 9：00—1988-06-15 9：00	44.8	477	482	-1.04	19.5426	19.7246	-0.92	1988-06-14 19：00：00	1988-06-14 17：00：00	2	1	0.9407	√
23	1988-06-19 6：00—1988-06-20 5：00	77	738	756	-2.38	38.2374	35.753	6.95	1988-06-19 15：00：00	1988-06-19 16：00：00	-1	1.7	0.8773	√
24	1988-09-21 20：00—1988-09-26 8：00	189.8	495	425	16.47	89.4222	78.9396	13.28	1988-09-24 21：00：00	1988-09-24 18：00：00	3	7	0.8686	√
25	1989-04-12 16：00—1989-04-14 8：00	63.4	570	565.3	0.83	33.7572	35.5858	-5.14	1989-04-13 6：00：00	1989-04-13 6：00：00	0	1.3	0.9511	√
26	1989-05-22 20：00—1989-05-24 8：00	98.6	1110	1107.7	0.21	57.9042	55.881	3.62	1989-05-23 12：00：00	1989-05-23 12：00：00	0	1.3	0.865	√
27	1989-05-27 1：00—1989-05-31 5：00	153.2	734	660.2	11.18	86.9454	82.2531	5.7	1989-05-28 18：00：00	1989-05-28 17：00：00	1	1.7	0.9282	√
28	1989-07-01 7：00—1989-07-02 8：00	63.2	885	854	3.63	42.21	39.0348	8.13	1989-07-01 16：00：00	1989-07-01 15：00：00	1	1	0.9036	√
29	1989-07-22 3：00—1989-07-23	170.6	1550	1492.5	3.85	69.2118	53.4778	29.42	1989-07-22 14：00：00	1989-07-22 11：00：00	4	1.3	0.2237	×
30	1990-06-06 22：00—1990-06-09 20：00	90.1	423	452	-6.42	44.4528	42.4993	4.6	1990-06-08 14：00：00	1990-06-08 12：00：00	2	1.7	0.9275	√
31	1990-06-13 4：00—1990-06-14 9：00	84.9	929	895.7	3.72	45.4446	46.1462	-1.52	1990-06-13 16：00：00	1990-06-13 16：00：00	0	1	0.967	√

表 4.15　钟埂断面 1h 时段预报方案新安江模型检验成果表

洪水序号	时间(年-月-日 时:分)	雨量/mm	模拟洪峰/(m³/s)	实测洪峰/(m³/s)	洪峰误差/%	模拟洪量/10⁶m³	实测洪量/10⁶m³	洪量误差/%	模拟峰现时间(年-月-日 时:分:秒)	实测峰现时间(年-月-日 时:分:秒)	误差(时段长)	许可误差	确定性系数	是否合格
1	1991-04-27 19:00— 1991-04-28 16:00	37.2	523	463.5	12.84	18.693	20.2277	-7.59	1991-04-28 2:00:00	1991-04-28 2:00:00	0	1.7	0.879	√
2	1991-05-04 14:00— 1991-05-06 21:00	70.3	383	399	-4.01	31.8942	35.4256	-9.97	1991-05-05 9:00:00	1991-05-05 9:00:00	0	1.7	0.8942	√
3	1992-06-22 18:00— 1992-06-24 8:00	49.1	383	453	-15.45	23.5098	27.2835	-13.83	1992-06-23 10:00:00	1992-06-23 9:00:00	1	3	0.86	√
4	1992-06-24 9:00— 1992-06-26 4:00	80.6	485	453	7.06	41.0112	40.4825	1.31	1992-06-24 22:00:00	1992-06-24 23:00:00	-1	1.7	0.8773	√
5	1992-07-04 3:00— 1992-07-04 23:00	115.2	1980	2080	-4.81	78.6834	72.9799	7.82	1992-07-04 14:00:00	1992-07-04 12:00:00	2	1.3	0.7433	√
6	1992-07-05 8:00— 1992-07-06 20:00	84.9	872	871	0.11	61.785	59.5764	3.71	1992-07-05 21:00:00	1992-07-05 22:00:00	-1	3	0.9678	√
7	1992-09-22 20:00— 1992-09-25 8:00	60.7	387	385	0.52	24.2172	26.5955	-8.94	1992-09-23 16:00:00	1992-09-23 15:00:00	1	1.7	0.8789	√
8	1993-06-15 1:00— 1993-06-16 9:00	88	1010	1028.8	-1.83	60.7878	59.9076	1.47	1993-06-15 18:00:00	1993-06-15 17:00:00	1	3	0.9502	√
9	1993-06-19 9:00— 1993-06-21	85.2	744	830	-10.36	64.575	58.3733	10.62	1993-06-19 22:00:00	1993-06-20 1:00:00	-3	2.3	0.8742	√
10	1993-06-22 7:00— 1993-06-23 9:00	43.6	431	418	3.11	23.4468	21.6565	8.27	1993-06-22 18:00:00	1993-06-22 20:00:00	-2	2	0.8155	√
11	1993-06-24 9:00— 1993-06-25 4:00	104	1950	2330	-16.31	67.3578	63.2387	6.51	1993-06-24 17:00:00	1993-06-24 15:00:00	2	1	0.7077	√
12	1993-06-30 13:00— 1993-07-02 12:00	85.3	523	582	-10.14	36.2142	35.6661	1.54	1993-07-01 19:00:00	1993-07-01 18:00:00	1	2	0.9247	√

4.3.6　模拟结果分析

1. 率定期不合格场次洪水分析

钟埠断面1h时段预报方案新安江模型率定成果见表4.14，其中率定期洪峰、洪量精度不合格的洪水有3场，峰现时间不合格的洪水有6场。3场洪峰、洪量不合格的洪水过程分别是：1980年8月5日20：00—7日8：00洪水过程、1982年4月2日20：00—4日0：00洪水过程、1989年7月22日20：00—23日0：00洪水过程。

（1）1980年8月5—7日洪水过程，预报成果如图4.11所示。洪峰误差为-37.03%，峰现时间滞后2个时段。分析此次洪水过程降雨量，如图4.12所示，发现此次降雨中心位于青井站，降雨量为89.5mm，流域中最小降雨量为官岩站，降雨量为24mm。流域中降雨不均匀且降雨中心位于上游，这可能是导致预报洪峰偏小以及预报峰现时间滞后的原因。

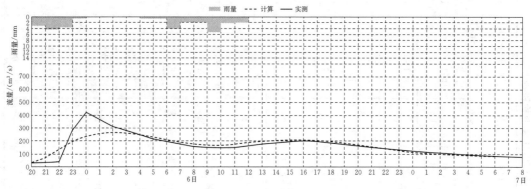

图4.11　钟埠站1980年8月5日20：00—7日8：00洪水模拟成果

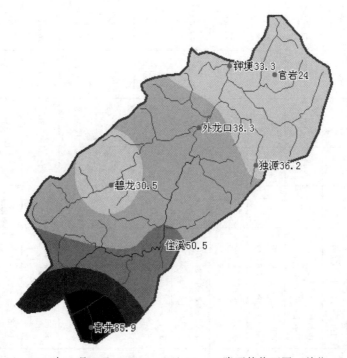

图4.12　1980年8月5日20：00—7日20：00降雨等值面图（单位：mm）

（2）1982 年 6 月 16—18 日 0：00 洪水过程，预报结果如图 4.13 所示，洪峰误差为 −23.67%，超过允许误差，洪量、峰现时间误差合格。分析此次洪水过程降雨量，如图 4.14 所示，此次降雨中心位于青井站，降雨量为 192mm，流域中最小降雨量为官岩站 64.2mm。流域中降雨不均匀，降雨不均匀以及主雨峰后雨量偏小，可能是预报洪峰偏小的原因。

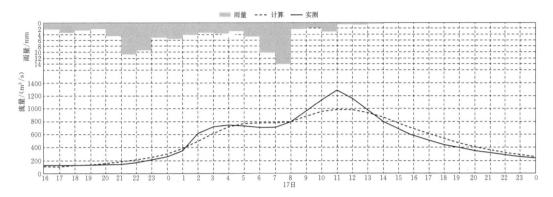

图 4.13　钟埂站 1982 年 6 月 16 日 16：00—18 日 0：00 洪水模拟成果

图 4.14　1982 年 6 月 16 日 16：00—18 日 0：00 降雨等值面图

（3）1989 年 7 月 22 日 20：00—23 日 0：00 洪水过程，预报结果如图 4.15 所示，预报洪量误差为 29.42%，峰现时间误差为 4h，超过允许误差，洪峰误差合格。由图 4.15 降水过程和洪水过程线可以看到，在实测洪峰出现之后，仍有一段时间较大的降雨，而此时已经开始退水了，这反映出此次洪水过程雨洪不对应，这也可能是模拟成果不合格的原因。

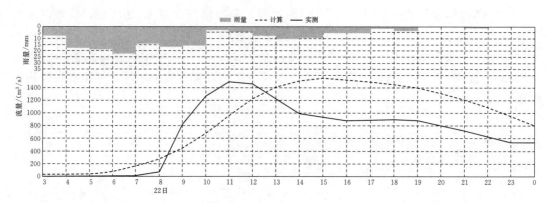

图 4.15 钟埂站 1989 年 7 月 22 日 20：00—23 日 0：00 洪水模拟成果

2. 验证期模拟结果分析

由表 4.15 可知，12 场洪水洪峰、洪量验证结果均合格，洪峰、洪量两要素统计结果均合格，合格率为 100%，预报方案精度属于甲级；3 场洪水峰现时间不合格，洪峰、洪量、峰现时间三要素合格率为 75%，预报方案精度属于乙级。

第5章

水 位 预 报

水位预报是洪水预报的重要内容[15]，相对于流量，水位更加直观明了，有利于防汛信息的发布、安全施工警示等。本系统中的水位预报包括河道断面水位预报、施工期水电站水位预报、运行期水电站库水位预报等。

5.1　河道断面水位预报

天然河道断面的水位预报有两种基本思路：一是采用河道洪水运动演进计算，根据河道洪水波运动传播规律，单纯利用河道流量或水位进行预报，主要方法有上下游相关关系法[26]；二是根据产汇流规律，采用降雨径流模型预报出断面的流量过程，再查水位流量关系曲线得到水位预报过程。

5.1.1　上下游相关关系法

上下游相关关系法是根据河段洪水运动和变形规律，采用相关分析途径，由历史资料统计分析，建立上下游相应水位（流量）之间的关系和相应的传播时间关系，由上游站的实测水位（流量）预报下游站未来水位（流量）的方法。一般用于洪峰水位（流量）的预报。

对于河道断面形态变化不大、无回水顶托的无支流山区性河段，上下游断面的洪水过程相应性较好，可以摘取上下游断面洪峰水位及其出现的时间，建立上下游断面的相应洪峰水位关系曲线 $Z_{上,t} \sim Z_{下,t+\tau}$ 及洪水传播时间关系曲线 $Z_{上,t} \sim \tau$，如图 5.1 所示。使用时，根据上游断面的洪峰水位及出现时间，即可查出对应的下游断面的洪峰水位及其出现时间。

对于河道中下游断面，由于水面

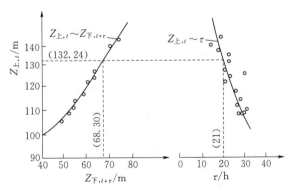

图 5.1　长江某上下游断面相应洪峰水位
及传播时间关系曲线图

附加比降的影响，导致洪水波出现展开和扭曲现象、上下游断面之间的区间入流、河段形态和沿岸水文地质条件变化的影响等因素，使得建立的上下游相应洪峰水位及传播时间关系曲线比较散乱，此时，可以绘制以下游断面同时水位为参数的相应水位关系曲线。

参数 $Z_{下,t}$ 与 $Z_{上,t}$ 一起，一方面反映 t 时刻的水面比降大小，同时还反映了底水的高低和区间暴雨入流、回水顶托、断面冲淤等因素的影响。

具体做法是在摘取上下游断面相应的洪峰水位及峰现时间时，摘取上游断面洪峰出现时间的下游断面水位。绘制出以 $Z_{下,t}$ 为参数的等值线，即 $Z_{上,t} \sim Z_{下,t} \sim Z_{下,t+\tau}$ 相关线，同时绘制出 $Z_{上,t} \sim Z_{下,t} \sim \tau$ 相关线，如图 5.2 所示。使用时，$Z_{上,t}$ 和 $Z_{下,t}$ 为已知，即可按图 5.2 查出 $Z_{下,t+\tau}$。

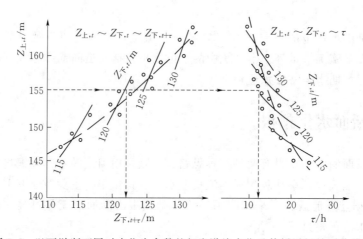

图 5.2　以下游断面同时水位为参数的相应洪峰水位及传播时间关系曲线图

5.1.2　查水位流量关系曲线

对水位流量关系曲线为单一水位流量关系曲线的断面，可以先预报出断面流量，再查对应的预报水位，如图 5.3 所示。这种方法不仅可以预报洪峰水位，还可以预报水位过程。

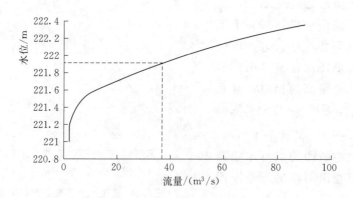

图 5.3　水位流量关系曲线图

5.2 施工期水电站水位预报

施工期水电站的水位预报对于安全施工有重要的指导意义[26]。在水电站施工期间，上、下围堰，导流洞进、出口以及其他重要施工部位的水位预报，是工程防洪及施工组织调度的重要依据之一。

水电站施工期主要分为未截流期和围堰期两个阶段。在未截流期，还未形成围堰水库，河道过流基本为天然状态，水位预报采用水位系数法；而在围堰期阶段，由于截流形成围堰水库，对河道水流有调蓄作用，水位预报采用调洪演算法。

由于受水电站施工影响，施工区各水尺（特别是导流洞进口水尺）水位流量关系较差，使用水位流量关系曲线计算施工断面水位不可靠。施工断面水位计算方法采用水位系数法[11]及调洪演算法[12]两种方法。

5.2.1 水位系数法

水电站施工期水位预报主要为施工区内导进口、导出口的水位预报，对施工安全有着重要的作用。对于受壅水影响较小的施工断面，可以利用水位流量关系曲线进行水位预报（根据预报流量查水位流量关系曲线得到预报水位）。但是在利用水位流量关系曲线进行水位预报时存在两个难点：

（1）施工断面的水位流量关系曲线不容易获得。一般来说，施工断面的水位资料可以通过水位计测量得到，而施工断面流量不容易取得，这样，在率定水位流量关系曲线时就存在困难。当然，也可通过水面比降法或水力学方法计算得到施工断面的水位流量关系曲线，但是，受各种因素影响，往往存在较大的误差。

（2）由于水电站施工，经常会对施工断面河道造成一定的影响，导致天然河道发生改变，例如：块石滚落河道导致河道底部升高等。此时，如果直接查水位流量关系曲线，得到的水位预报值误差较大。

针对以上两个问题，提出了以下解决方法：

（1）水电站的设计代表站一般距离施工区较近，可以将设计代表站的流量值作为施工断面的流量。而设计代表站一般为条件较好的水文站，可以比较容易的测得流量。

（2）由于预报发布时间的水位和流量是实测得到的，预报时间的流量可以通过流量预报得到，可以利用已知条件，利用水位系数法计算得到预报水位。水位系数法不直接利用水位流量关系曲线进行预报，克服了河道变化对水位预报造成的影响。

5.2.1.1 基本原理

在水位流量关系 $Z = f(Q)$ 上任取一点 q，称 q 点的切线斜率 k 为水位系数，如图 5.4 所示。水位流量关系曲线上任意一点 q 处切线的斜率

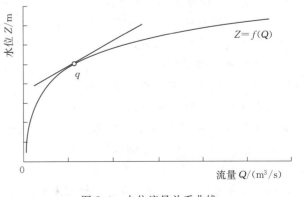

图 5.4 水位流量关系曲线

k 为

$$k = \frac{f(q + \Delta q) - f(q)}{\Delta q}, \quad \Delta q \to 0 \tag{5.1}$$

如果知道水位流量关系曲线的函数表达式，则可以求出任意一点切线的斜率。在实际应用中，如果水位流量关系曲线函数表达式难以获得，也可将水位流量关系曲线横坐标 Q 按照相同的 Δq 进行离散，近似计算出各点的水位系数。

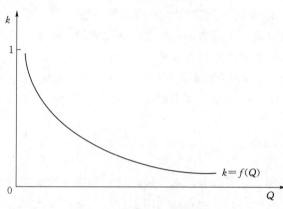

图 5.5　流量水位系数曲线

将流量和水位系数组合，则可得到流量水位系数曲线，如图 5.5 所示。可以通过曲线拟合得到其函数表达式 $k = f(Q)$，也可以将其制作成离散的水位系数表。

5.2.1.2　计算公式

在利用水位系数法进行预报时，根据预报发布时间的实测流量 Q_T 查出水位系数 k_T，预报时间的预报流量 $Q_{T+\tau}$ 查出水位系数 $k_{T+\tau}$，利用公式 (5.2) 即可计算出预报时间的预报水位。

$$Z_{T+\tau} = Z_T + kQ_{T+\tau} \tag{5.2}$$

式中：$Z_{T+\tau}$ 为预报时刻的预报水位；Z_T 为预报发布时刻的实测水位；k 为水位系数，取 k_T 和 $k_{T+\tau}$ 的平均值。

如图 5.6 所示，ΔZ_t 为采用 k_T 进行计算得到的水位增幅；ΔZ_c 为采用 $k_{T+\tau}$ 进行计算得到的水位增幅；ΔZ 为采用 k_T 和 $k_{T+\tau}$ 的平均值进行计算得到的水位增幅。在 k 取 k_T、$k_{T+\tau}$、k_T 和 $k_{T+\tau}$ 的平均值时三种情况下，当 k 取平均值时，预报值最接近实际值，产生的误差最小，因此实际计算中，k 取 k_T 和 $k_{T+\tau}$ 的平均值。

5.2.2　调洪演算法

水电站截流施工后，河道水流主要通过导流建筑物过流，而导流建筑物的泄流能力一般要远小于天然河道，必然在围堰上游形成壅水，并形成围堰水库。当上游发生洪水时，围堰水库对洪水有一定的调蓄作用。在上游围堰水库水位计算中应充分考虑围堰水库的蓄水情况，进行调洪演算。该方法是根据围堰水库水量平衡原理、水位库容曲线和导流建筑物的泄流能力曲线，建立围堰水库调洪演算方程，

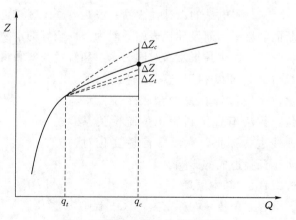

图 5.6　水位系数法计算示意图

对现时刻入库流量进行还原计算，并根据未来来水流量对围堰水库水位进行预报计算。具

体方程形式如下：

$$\frac{(V_{T+\tau} - V_T)}{\tau} = \frac{(Q_T + Q_{T+\tau})}{2} - \frac{(q_T + q_{T+\tau})}{2} \tag{5.3}$$

$$V = f(H) \tag{5.4}$$

$$q = f(H) \tag{5.5}$$

式中：$V_{T+\tau}$ 为 $T+\tau$ 时刻的围堰水库库容；V_T 为 T 时刻的围堰水库库容；$Q_{T+\tau}$ 为 $T+\tau$ 时刻的入库流量；Q_T 为 T 时刻的入库流量；$q_{T+\tau}$ 为 $T+\tau$ 时刻的泄流量；q_T 为 T 时刻的泄流量；$V = f(H)$ 围堰水库的水位库容关系曲线；$q = f(H)$ 导流建筑物泄流能力曲线。

水库调洪计算的方法有试算法、半图解法、图解法等。目前在系统计算时多采用试算法编程计算。

5.3 水电站断面调洪演算

水电站投入运行后，水库正常运行。运行期水库调洪演算方法是：利用水量平衡原理，根据水位库容关系曲线，闸门泄流关系曲线，建立水量平衡方程，对预报入库流量过程进行调洪演算，得到库水位过程及出库流量过程。在计算时，可以通过给定控制水位、给定闸门运行方式、给定出库流量过程等进行调洪演算。在第 7 章进行详细介绍。

5.4 实例

本书作者曾于 2011 年编制了《雅砻江流域洪水预报方案》报告，报告中对雅砻江流域干流水电站进行了水位预报，采用水位系数法和调洪演算法。本书做简要介绍。

5.4.1 施工断面介绍

雅砻江是金沙江左岸的最大支流，预报方案编制时，两河口、锦屏一级、锦屏二级、官地、桐子林等水电站正在施工，需要对各水电站各施工断面的水位进行预报。方案对 12 个断面都采用水位系数法进行计算。锦屏一级、官地水电站已截流，形成围堰水库，因此对锦屏一级及官地水电站的导进口水位增加调洪演算法。各施工断面名称及水位预报方法见表 5.1。

表 5.1　　　　　　　　　　　施工断面名称及水位预报方法表

序　号	施工断面名称	水位预报方法
1	两河口导进口	水位系数法
2	两河口交通桥	水位系数法
3	锦屏一级导进口	水位系数法、调洪演算法
4	锦屏一级导出口	水位系数法
5	锦屏一级景峰桥	水位系数法
6	锦屏二级猫猫滩	水位系数法
7	锦屏二级大水沟	水位系数法

序　号	施工断面名称	水位预报方法
8	锦屏二级导出口	水位系数法
9	官地导进口	水位系数法、调洪演算法
10	官地导出口	水位系数法
11	桐子林导进口	水位系数法
12	桐子林导出口	水位系数法

其中两河口与锦屏一级水电站工程已截流，其施工工程布置如图 5.7 所示。

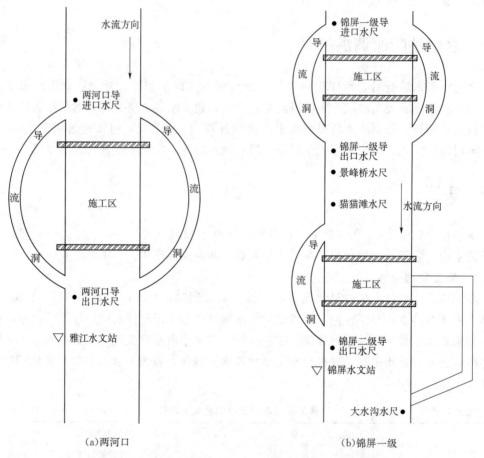

（a）两河口　　　　　　　　　　　　（b）锦屏一级

图 5.7　两河口及锦屏一级水电站施工工程布置示意图

两河口水电站的设计代表站为雅江水文站，锦屏一级和锦屏二级水电站的设计代表站为锦屏水文站。通过设计代表站测得流量，结合各施工断面测得的水位，利用水位系数法进行水位预报步骤如下（以两河口导进口为例）：

（1）利用施工断面水位、设计代表站流量资料建立施工断面水位流量关系曲线。如利用两河口导进口水位、雅江站流量建立两河口导进口水位流量关系曲线；拟合的两河口导进口水位流量关系曲线公式为

$$Z = -0.0000000000003604088809387Q^4 + 0.0000000267092907849968Q^3$$
$$- 0.00000748323059621611Q^2 + 0.0125992000994979Q + 2602.98205401801$$

$$(5.6)$$

式中：Z 为水位；Q 为流量。

（2）计算施工断面水位系数，得到水位系数计算公式或水位系数表；两河口导进口的水位系数计算公式为

$$k = -0.00000000000144066014534259Q^3 + 0.0000000798722914084655Q^3$$
$$- 0.000148823559524804Q + 0.125237634975074$$

$$(5.7)$$

式中：k 为水位系数；Q 为流量。

（3）对施工断面进行流量预报。流量预报方法较多，可根据实际情况选用适合的方法进行预报。

（4）利用水位系数法公式进行水位预报。

5.4.2 水位预报计算结果

施工断面水位计算的计算时段取决于控制站的流量预报的计算时段，本方案的流量预报的最小计算时段为 3h，因此施工断面水位计算的计算时段也取用 3h。根据施工期水情预报的需要，同时将预见期为 6h、12h、24h 的计算结果并列比较。施工断面水位计算的检验按预见期分别统计了平均水位误差、最大水位误差、最高水位误差及在 0.1m、0.2m、0.3m、0.5m 许可误差下的合格率。

以两河口导进口和锦屏一级导进口为例说明。

5.4.2.1 两河口导进口断面水位计算

两河口导进口断面水位计算采用水位系数法。水位系数通过 2009 年实测的导进口水位及下游雅江站流量分段率定获得。用 2009 年实测雅江流量作为预报流量，以 3h 为计算时段，3h、6h、12h、24h 为预见期模拟计算 2009 年导进口断面的水位过程。与同时期实测水位值相比，结果统计见表 5.2。水位过程比较如图 5.8 所示。

表 5.2　　　　　　　　　两河口导进口断面水位计算结果统计表

统计项目	预 见 期			
	3h	6h	12h	24h
计算时段数/个	1744	1743	1741	1737
平均水位误差/m	0.08	0.13	0.19	0.24
最大水位误差/m	1.44	1.58	2.75	2.25
最大水位误差出现时间 （年-月-日 时）	2009 - 08 - 11 5	2009 - 08 - 11 5	2009 - 08 - 11 5	2009 - 08 - 11 5
最高水位误差/m	0.45	0.59	0.42	0.25
最高水位出现时差/h	0	3	9	21
0.1m 许可误差合格率/%	72.13	53.36	39.40	34.43
0.2m 许可误差合格率/%	92.83	81.38	66.05	57.74
0.3m 许可误差合格率/%	97.88	91.28	80.59	71.73
0.5m 许可误差合格率/%	99.43	98.10	93.51	87.28

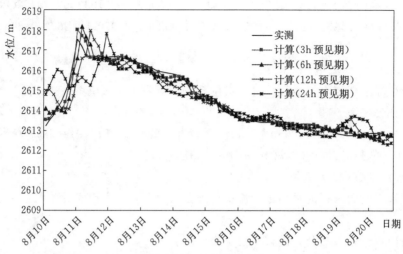

图 5.8　两河口导进口断面水位过程比较（水位系数法）

5.4.2.2　锦屏一级导进口断面水位计算

1. 水位系数法

锦屏一级导进口的水位系数通过 2008 年实测的导进口的水位及下游锦屏站流量分段率定获得，用 2009 年实测锦屏站流量作为预报流量，以 3h 为计算时段，3h、6h、12h、24h 为预见期，模拟计算 2009 年导进口的水位序列。与同时期实测水位值相比，结果统计见表 5.3，水位过程比较如图 5.9 所示。

表 5.3　　　　　锦屏一级导进口断面水位计算结果统计表——水位系数法

统计项目	预 见 期			
	3h	6h	12h	24h
计算时段数/个	2466	2465	2463	2459
平均水位误差/m	0.03	0.05	0.06	0.08
最大水位误差/m	0.79	0.88	1.20	1.97
最大水位误差出现时间（年-月-日 时）	2009-09-21 11	2009-09-21 14	2009-08-14 11	2009-08-14 20
最高水位误差/m	−0.02	−0.10	−0.16	−0.23
最高水位出现时差/h	3	0	0	6
0.1m 许可误差合格率/%	92.62	87.42	82.50	76.82
0.2m 许可误差合格率/%	98.38	96.84	94.72	91.74
0.3m 许可误差合格率/%	99.55	98.78	98.21	97.07
0.5m 许可误差合格率/%	99.92	99.68	99.39	99.07

2. 调洪演算方法

锦屏一级当前已经截流，形成了围堰水库。水库的入流、出流及库水位的变化之间存在水量平衡关系。锦屏一级导进口断面的调洪演算法采用 2009 年实测的导进口的水位资料及下游锦屏站流量资料，以 3h 为计算时段，3h、6h、12h、24h 为预见期，模拟计算导进口的水位序列。

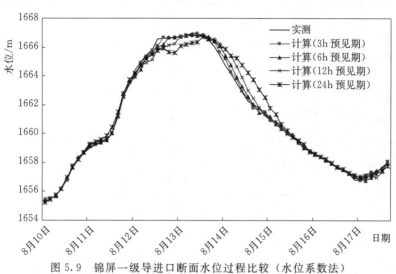

图 5.9 锦屏一级导进口断面水位过程比较（水位系数法）

由于没有围堰水库的入流实测资料，所以首先要通过水量平衡原理反算围堰水库的入流。锦屏一级 2009 年反算的入库流量计算结果如图 5.10 所示，与出库流量相比，反算的入库流量出现明显锯齿，需进行平滑矫正。

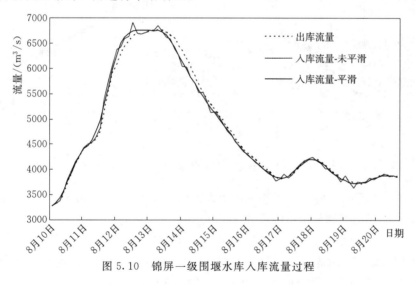

图 5.10 锦屏一级围堰水库入库流量过程

2009 年的计算结果与实测水位序列相比，结果统计见表 5.4 及图 5.11。

表 5.4 锦屏一级导进口断面水位计算结果统计表——调洪演算法（原泄流曲线）

统计项目	预 见 期			
	3h	6h	12h	24h
计算时段数/个	2466	2465	2463	2459
平均水位误差/m	0.31	0.36	0.40	0.42
最大水位误差/m	1.25	1.64	2.09	2.48

续表

统计项目	预 见 期			
	3h	6h	12h	24h
最大水位误差出现时间 （年-月-日 时）	2009-08-12 17	2009-08-12 14	2009-08-14 8	2009-08-14 14
最高水位误差/m	0.63	0.96	1.43	2.04
最高水位出现时差/h	3	−12	−6	0
0.1m许可误差合格率/%	20.97	18.01	16.32	16.19
0.2m许可误差合格率/%	37.80	32.50	29.56	28.30
0.3m许可误差合格率/%	52.43	45.48	41.37	39.45
0.5m许可误差合格率/%	74.45	65.48	61.75	59.86

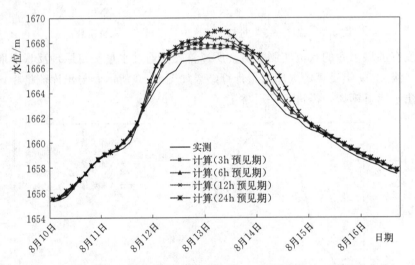

图 5.11　锦屏一级导进口断面水位过程比较——调洪演算法（原泄流曲线）

从上面图表结果可以看出，采用调洪演算方法计算锦屏一级导进口水位效果不好。各项精度评定指标都远不如采用水位系数法。

从计算过程分析其原因是调洪演算方法本身对泄流曲线及库容曲线十分敏感，而当前采用的泄流曲线跟实际并不完全一致。通过用 2009 年实测水位及泄流数据点绘的泄流曲线与原泄流曲线（2008 年泄流曲线）相比，如图 5.12 所示。

从图 5.12 中可以看出，在水位 1660～1670m 之间，实际泄流过程与原泄流曲线差别很大。而通过调洪演算法模拟计算 2009 年断面水位可以发现，处于 1660～1670m 水位之间的模拟结果精度相对比较差，见锦屏一级导进口断面水位过程比较——调洪演算法（原泄流曲线）。

以实际泄流过程修正原泄流曲线后，采用调洪演算法模拟计算 2009 年锦屏一级进水口断面水位的结果，见表 5.5 和图 5.13。从修正后的结果看，要比修正前的精度高了很多，特别是 1660～1670m 的模拟过程明显好转。

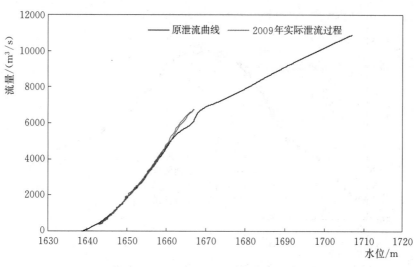

图 5.12 锦屏一级泄流曲线比较

表 5.5 锦屏一级导进口断面水位计算结果统计——调洪演算法（修正泄流曲线）

统计项目	预 见 期			
	3h	6h	12h	24h
计算时段数/个	2466	2465	2463	2459
平均水位误差/m	0.31	0.35	0.39	0.40
最大水位误差/m	0.78	0.91	0.95	1.01
最大水位误差出现时间（年-月-日 时）	2009-05-15 14	2009-05-28 20	2009-05-17 8	2009-05-18 14
最高水位误差/m	-0.03	0.04	0.22	0.55
最高水位出现时差/h	3	-12	-6	0
0.1m许可误差合格率/%	21.49	18.66	16.97	16.43
0.2m许可误差合格率/%	38.73	33.55	30.53	29.00
0.3m许可误差合格率/%	53.28	46.45	42.35	40.38
0.5m许可误差合格率/%	75.30	66.49	62.77	60.76

3. 两种方法的比较

从整体来看，调洪演算方法的计算结果跟水位系数法的结果相比，误差及合格率各项指标均低于水位系数法结果。

但从局部看，以 2009 年最大的一个洪峰（2009 年 8 月 11—17 日）为例（过程对比见图 5.14），调洪演算方法的计算结果比水位系数法的结果好。特别是预见期为 12h 及 24h 的计算过程明显好于水位系数法，如图 5.14 所示。

这是因为洪水期间流量变幅比较大，围堰水库的调蓄作用更加明显，采用调洪演算法计算的精度提高。而水位系数法的计算精度在流量变幅比较大时精度较低。

相反在枯水期，平均流量及流量变幅都比较小，水位系数法精度比较高。而调洪演算

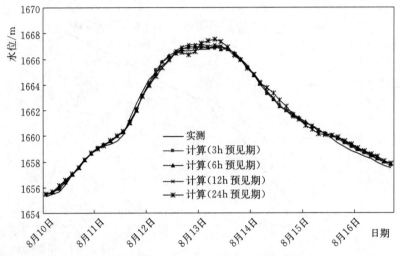

图 5.13　锦屏一级导进口断面水位过程比较——调洪演算法（修正泄流曲线）

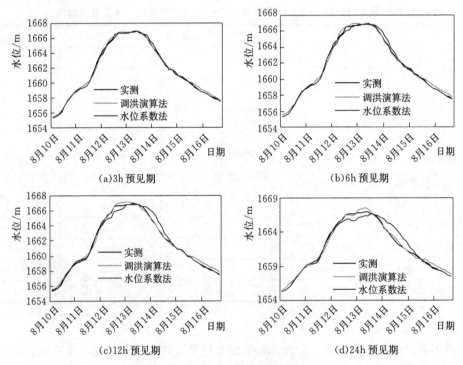

(a)3h 预见期　　　　　　　　　　(b)6h 预见期

(c)12h 预见期　　　　　　　　　(d)24h 预见期

图 5.14　锦屏一级导进口断面水位计算过程比较（2009 年 8 月 10—17 日）

法对库容曲线及泄流曲线比较敏感，曲线的一点误差导致最后计算精度大大降低。

因此建议锦屏一级导进口断面的水位预报在枯水期流量变幅比较小时及短预见期时（3h 及 6h）采用水位系数法的计算结果，在洪水期及长预见期时（12h 及 24h）取用调洪演算法的计算结果。

5.4.3　小结

本次方案采用水位系数法及调洪演算法两种方法对各施工断面的水位进行模拟计算，

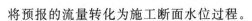

将预报的流量转化为施工断面水位过程。

水位系数法的参数通过 2008 年及 2009 年的实测资料分段率定获得，通过对 2009 年实测的资料进行模拟计算可以看出，采用水位系数法计算断面水位当流量变幅比较小时结果比较好，当流量变幅比较大时，精度降低。

对于已截流的锦屏一级采用调洪演算的方法模拟计算进水口断面水位，效果不理想。其原因是导流洞泄流曲线与当前实际不符。通过修正后的泄流曲线进行模拟计算有显著提高。与水位系数法计算结果相比当水位变幅比较大时或预见期比较长（12h 以上）时比水位系数法要好。当水位变幅比较小时，效果反而不如水位系数法。

在利用水位系数法进行预报时，决定水位预报精度的因素有三个：流量预报精度、水位系数准确度和实测水位准确度。其中水位系数可以通过多年的资料进行率定可以达到较高的准确度；实测水位也可以通过多次测量或者平滑处理达到较高的准确度。而流量预报的精度对水位预报影响最大，流量预报精度高的断面水位预报精度也较高，流量预报精度低的断面水位预报精度也较低。

施工期的预报直接关系到施工人员生命财产的安全、电站的施工进度，极其重要。也由于施工对河流水情的影响，更难做到准确预报。因此在以后的发布预报过程中必须要加强实时水情数据的采集密度，减少误差的积累。有经验的预报人员应对预报结果进行合理性检验，根据实际情况调整预报参数，获取更准确的预报结果。

第 6 章

实 时 洪 水 预 报

实时洪水预报是采用收集到的流域实时降水、蒸发、河道水位流量、上游水库调蓄、出库信息等，根据洪水预报方案进行洪水预报的过程[27]。实时洪水预报集数据分析、处理、交互预报、成果储存、发布等于一体，是洪水预报的最核心展示，也是反映预报水平高低的最终表示。为增加预见期，实时洪水预报中也接入未来的降水预报信息。

实时洪水预报要求预报精度尽可能高、预见期尽可能长，对于大流域梯级水电站，流域面积大、范围广、预报断面数量多、受流域内人类活动影响严重，流域内测站数量多、往往有多套信息源，因此，大流域梯级水电站实时洪水预报难度较大。不能通过系统完全解决，需要预报员与系统进行多次交互操作完成，集中反映预报员的经验，因此，系统要有较好的交互性。本书系统中设计开发了数据预处理、洪水预报、自动洪水预报、预报成果管理等子程序进行实时洪水预报。

6.1 数据预处理

准确及时的流域雨水情资料是进行洪水预报的前提，但是，由于各种条件所限，例如测量设备故障、通道故障等导致数据不能准确、及时地传送到数据库的情况时常发生。因此有必要在预报前对数据进行检查、修正。数据预处理程序的功能即是如此，在预报之前，先人工检查相应的雨水情数据，如果有明显异常，则人工进行修正。分为水位流量数据和雨量数据修正两种。原始数据用蓝色字体显示，修正后的数据用红色字体显示。在修正水位流量数据时，可以只修正时段初、时段末的数据，时段间的数据系统自动插值计算，插值计算的数据用绿色字体表示。系统默认显示界面为图形界面，点击界面上方的"图表"按钮即可切换至表格界面。数据预处理程序界面如图 6.1、图 6.2 所示。

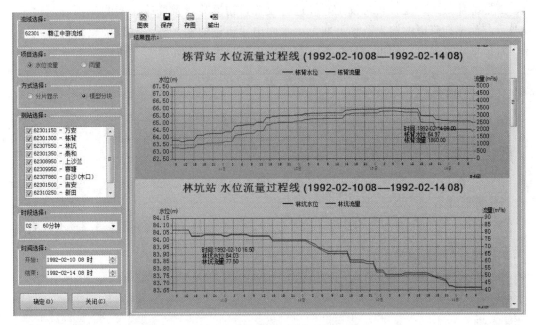

图 6.1 数据预处理——水位流量

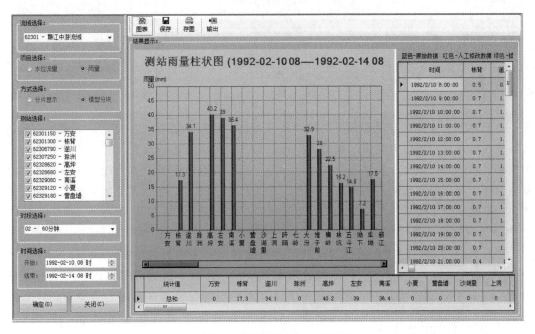

图 6.2 数据预处理——雨量

6.2 洪水预报

实时洪水预报是用户最常使用的程序，用户在此程序上实现对流域各断面的交互式预报，包括对预报时间、预报人员、预报方案、方案的具体内容（预见期、预热期、预报断面、雨量统计方式、是否实时校正）等进行设置，初值显示及修改、实测降雨、水位、流量展示，预见期降雨的输入及预见期上游水库出库流量的输入等，对预报成果的修正、统计，将预报成果保存、输出、发布等。实时洪水预报主界面如图 6.3 所示。

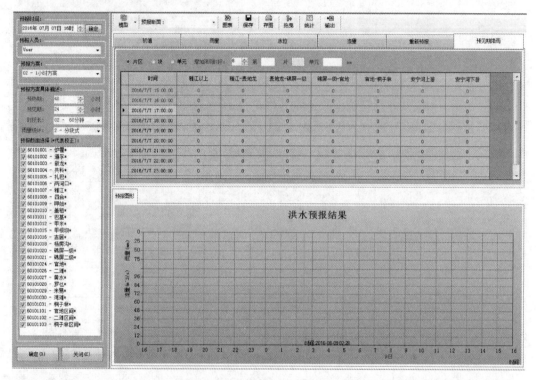

图 6.3　实时洪水预报主界面图

　　界面左侧为设置区，设置预报时间、预报人员、预报方案等，右侧上方为流域信息展示及修改区，用户可以对初值、雨量、流量、预见期降雨等进行设置及查看，界面右下方为成果展示区，以图形、表格等形式展示预报成果。界面右侧最上方为展示工具栏，包括模型选择、断面成果切换、图形表格切换、成果保存、图形保存、成果拖曳修改、成果统计、成果输出至 Excel 等。

1. 预报时间设置

　　用户可设置预报时间，预报时间默认为当前时间，当用户改变洪水预报时间后，程序自动读取测站雨量、水位、流量等基本信息并进行土壤含水量初值计算；用户可在界面右上方表格中对以上数据进行修改，以及重新计算土壤含水量等操作，如图 6.4 所示。

图 6.4　预报时间设置界面图

2. 预报人员选择

　　用户选择预报人员才可以进行洪水预报，默认预报员为系统登录用户，如图 6.5 所示。

3. 预报方案选择

　　预报方案从数据库预报方案表中读取，用户可以选择任意一种方案进行洪水预报，如图 6.6 所示。本系统中预报方案设置在预报方案管理程序中进行，请参照预报方案设置帮助说明。

图 6.5 预报人员选择界面图

图 6.6 预报方案选择界面图

4．预报方案具体描述

选择预报方案后，将显示选中预报方案的基本信息，包括：预热期、预见期、预报时段长、雨量统计方式、方案所包含预报断面等。

一般按照方案设置的信息进行洪水预报，如果用户需要修改以上信息，可以在程序界面上进行操作。

在预报断面选择列表框中，显示的是预报方案所包含的预报断面，用户可以选中或者取消对此预报断面的预报。

如果方案中设置对某个预报断面进行校正，则在此断面名称后加"＊"表示，用户可以通过点击右键方式选择对选中预报断面是否进行校正。

预报方案设置界面如图 6.7 所示。

5．初值

系统自动计算模型初值至预报开始时刻，由于模型参数、降雨、蒸发等输入资料可能存在误差，因而计算出的初值有可能会出现较大误差，需要对其进行修正。用户可以人工修改模型初值，也可采用 ISVC 方法对模型初值进行修正。修正完成后的初值可以保存到数据库中。初值查询及修改界面如图 6.8 所示。

6．实测雨量

系统默认显示流域各雨量测站预报时间之前 24 个时段的各时段降雨量，用户预报时可以查看，界面如图 6.9 所示。

图 6.7 预报方案设置界面图

单元块编码	时间	上层湿度 WU0	中层湿度 WL0	下层湿度 WD0	产流面积比 FR0	自由水S0	壤中流QI0	地下径流 QG0
洪田块1单元	2015/5/17 8:00:00	8.4	73	93	0.8	0	2.5	3.7
沙县坝上块1单元	2015/5/17 8:00:00	2.4	77.9	56.1	0.3	1.1	2.3	2.4
沙县坝上块2单元	2015/5/17 8:00:00	0	74.3	53.2	0.3	0	0.9	2.4
沙县坝上块3单元	2015/5/17 8:00:00	0	72.5	51.7	0.3	0	1.6	2.4
沙县坝上块4单元	2015/5/17 8:00:00	3.7	80	93.8	0.7	0.4	2.5	2.4
沙县坝上块5单元	2015/5/17 8:00:00	2.2	77.3	76.2	0.4	0.8	3	2.5

（初值　雨量　流量　重新预报　计算开始时刻初值　修正初值　保存初值）

图 6.8 初值查询及修改界面图

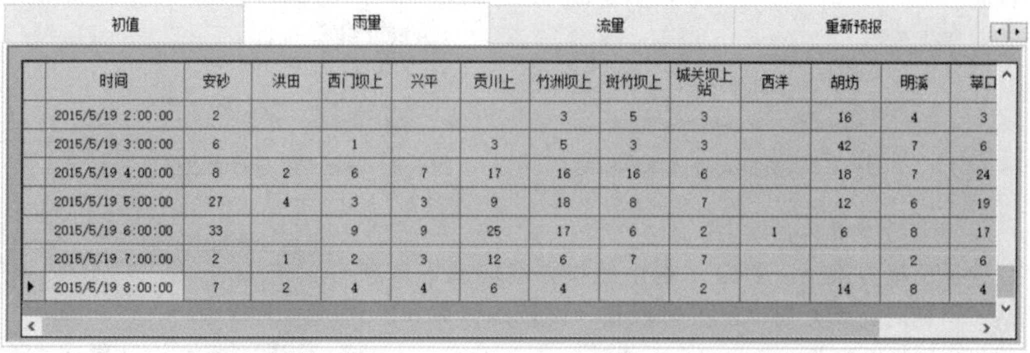

初值 | 雨量 | 流量 | 重新预报

	时间	安砂	洪田	西门坝上	兴平	贡川上	竹洲坝上	斑竹坝上	城关坝上站	西洋	胡坊	明溪	莘口
	2015/5/19 2:00:00	2					3	5	3		16	4	3
	2015/5/19 3:00:00	6		1		3	5	3	3		42	7	6
	2015/5/19 4:00:00	8	2	6	7	17	16	16	6		18	7	24
	2015/5/19 5:00:00	27	4	3	3	9	18	8	7		12	6	19
	2015/5/19 6:00:00	33		9	9	25	17	6	2	1	6	8	17
	2015/5/19 7:00:00	2	1	2	3	12	6	7	7			2	6
▸	2015/5/19 8:00:00	7	2	4	4	6	4		2		14	8	4

图 6.9　实测雨量展示界面图

7. 实测流量

系统默认显示流域各流量测站预报时间之前 24 个时段的各时段流量，用户预报时可以查看，界面如图 6.10 所示。

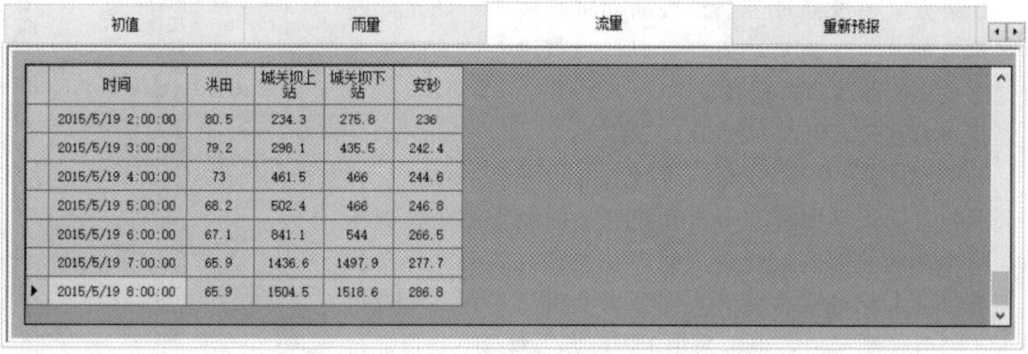

初值 | 雨量 | 流量 | 重新预报

	时间	洪田	城关坝上站	城关坝下站	安砂
	2015/5/19 2:00:00	80.5	234.3	275.8	236
	2015/5/19 3:00:00	79.2	298.1	435.5	242.4
	2015/5/19 4:00:00	73	461.5	466	244.6
	2015/5/19 5:00:00	68.2	502.4	466	246.8
	2015/5/19 6:00:00	67.1	841.1	544	266.5
	2015/5/19 7:00:00	65.9	1436.6	1497.9	277.7
▸	2015/5/19 8:00:00	65.9	1504.5	1518.6	286.8

图 6.10　实测流量展示界面图

8. 增加预见期降雨预报

如果天气预报未来仍有降雨，用户可通过增加未来时段降雨进行洪水预报。

操作步骤如下：在程序界面右上方的表格中选中增加降雨页面，如图 6.11 所示；

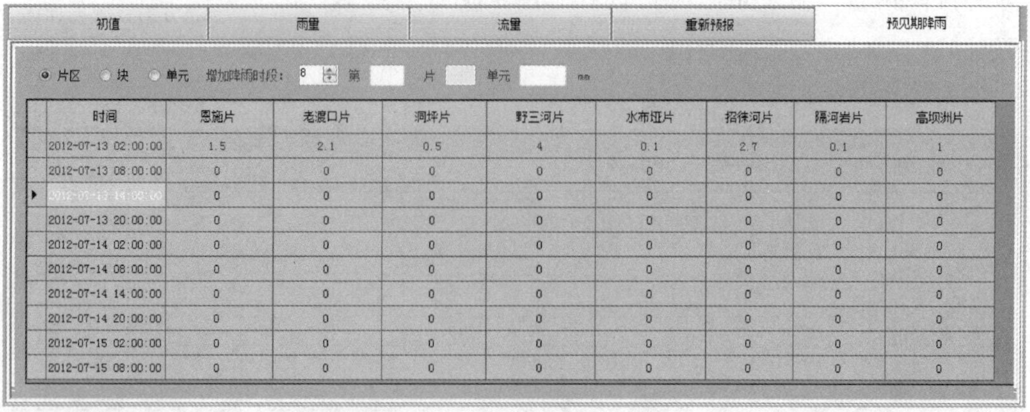

初值 | 雨量 | 流量 | 重新预报 | 预见期降雨

片区　块　单元　增加降雨时段：8　第　片　单元　mm

	时间	恩施片	老渡口片	洞坪片	野三河片	水布垭片	招徕河片	隔河岩片	高坝洲片
	2012-07-13 02:00:00	1.5	2.1	0.5	4	0.1	2.7	0.1	1
	2012-07-13 08:00:00	0	0	0	0	0	0	0	0
▸	2012-07-13 14:00:00	0	0	0	0	0	0	0	0
	2012-07-13 20:00:00	0	0	0	0	0	0	0	0
	2012-07-14 02:00:00	0	0	0	0	0	0	0	0
	2012-07-14 08:00:00	0	0	0	0	0	0	0	0
	2012-07-14 14:00:00	0	0	0	0	0	0	0	0
	2012-07-14 20:00:00	0	0	0	0	0	0	0	0
	2012-07-15 02:00:00	0	0	0	0	0	0	0	0
	2012-07-15 08:00:00	0	0	0	0	0	0	0	0

图 6.11　预见期降雨设置界面图

由于雨量测站较多，单个输入工作量较大，因此按照三种方式对各测站的降雨量进行输入：

（1）按片区输入，选择按片区输入，则输入各片区雨量后，片区包含的雨量测站的雨量全部默认为片区的输入雨量。

（2）按块输入，选择按块输入，则按照预报模型各分块包含的雨量测站输入各测站降雨量。

（3）按单元输入，选择按单元输入，则按照预报模型各单元输入各单元包含测站降雨量。

以上三种方式按照输入降雨精度依次增加，相应的输入工作量也依次增加。系统默认为按照分片方式输入。

系统默认增加降雨时段为 8 个时段，增加的降雨量为 0mm，用户可修改各个测站每个时段的雨量。

9. 结果展示

当以上操作完成后，单击系统界面左下角"确定"按钮，则程序开始进行洪水预报计算，计算完毕后显示洪水预报结果，界面如图 6.12 所示。

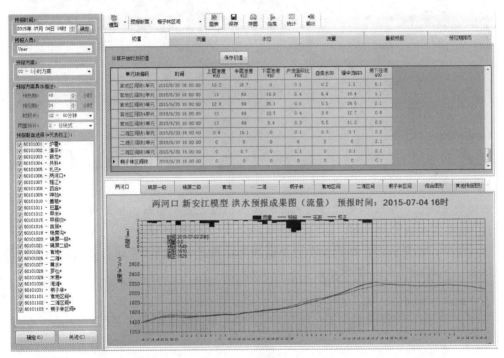

图 6.12 实时洪水预报结果界面图

界面右上方为预报数据表格显示，右下方为预报结果图形显示。

界面依次显示各主要断面的各模型预报结果、统计结果、各主要断面的综合结果、综合统计结果、其他断面预报结果、其他断面统计结果。

显示的数据结果包括各模型预报结果、校正结果以及人工结果。用户可以根据经验对人工结果进行修改，包括人工流量和人工水位。

表格中鲜红色横向表格表示预报开始时刻，浅红色横向表格为预报洪峰所在的行，深红色竖向表格为人工流量和人工水位，用户可在此对其进行修改，当修改人工流量时，系统自动修改人工水位。

10. 重新预报

在预报过程结束后，由于水电站的调洪作用，会对下游断面的预报结果产生影响。此时用户可以先根据预报结果对水电站进行洪水调度，然后再重新读取调度结果作为当前水电站断面的出流汇流演算到下游断面。

点击水雨情按钮切换到基础数据，点击出库流量，界面如图 6.13 所示。

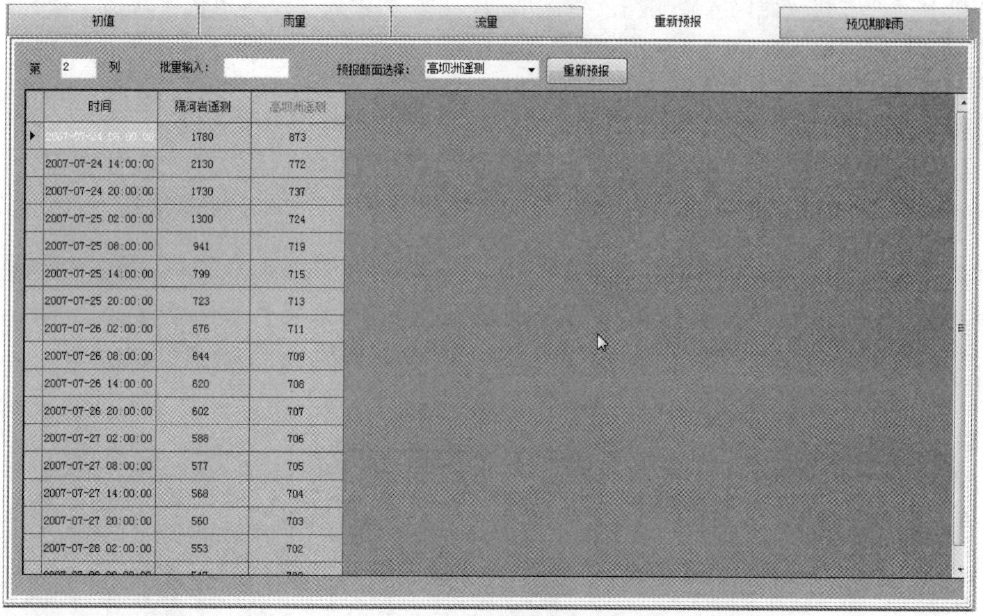

图 6.13　重新预报界面图

选择预报断面，系统自动读取其入流断面的出流，点击重新预报即可。

11. 工具栏功能

(1) 模型。如果有多个预报模型的预报成果，用户可通过此按钮选择查看不同模型的预报结果，界面如图 6.14 所示。

图 6.14　预报模型选择界面图

（2）预报断面选择。由于系统分主要断面以及其他断面，如果想要查看其他断面的预报结果，则在预报断面栏中选择查看，界面如图 6.15 所示。

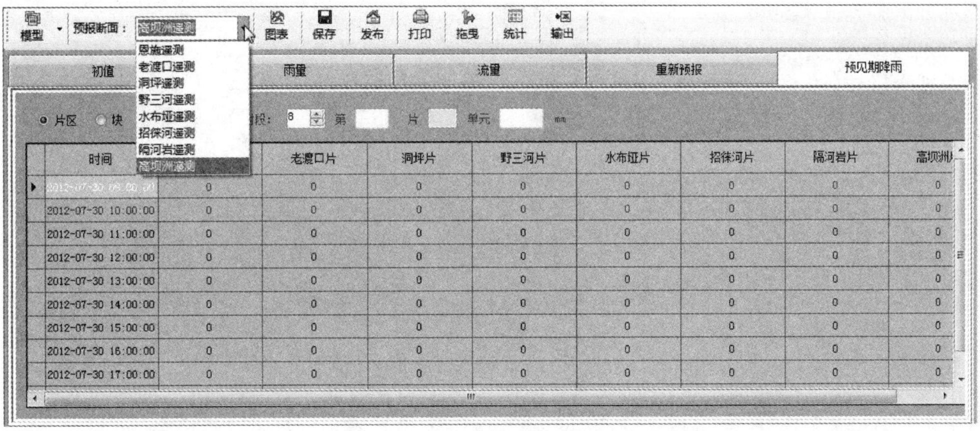

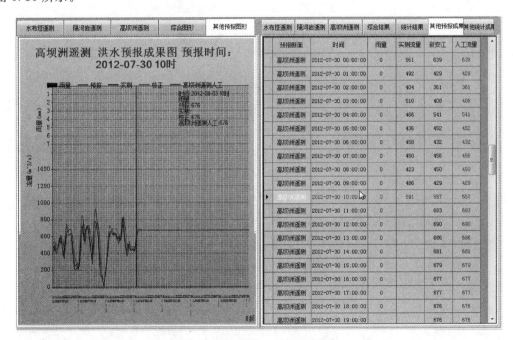

图 6.15 预报断面选择界面图

（3）图表。点击图表按钮，在程序中切换显示预报结果数据与预报基础数据，界面如图 6.16 所示。

图 6.16 预报成果显示界面图

（4）拖曳。点击拖曳按钮对所选断面的人工预报流量进行拖拽修改，将鼠标移动到圆点所在位置，点击鼠标左键，拖动即可，表格中的数据与图形中的数据同步修改，界面如图 6.17 所示。

（5）保存。保存主要断面的预报结果到数据库中，供用户发布预报成果和查询。在保存时，系统会保存场次洪水预报成果及滚动洪水预报成果。

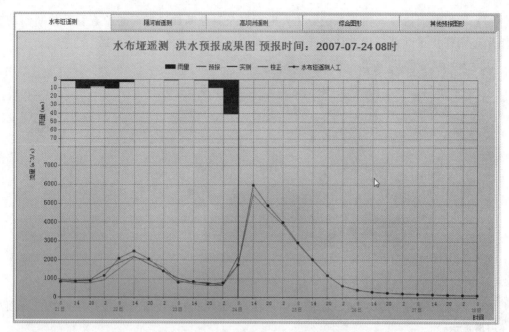

图 6.17　预报结果拖曳界面图

（6）统计。点击统计按钮，在预报图形中选中区域，则统计相应的预报洪量；鼠标移动到图形上，单击左键，移动鼠标即可选择，洪量统计结果显示在界面下方，界面如图 6.18 所示。

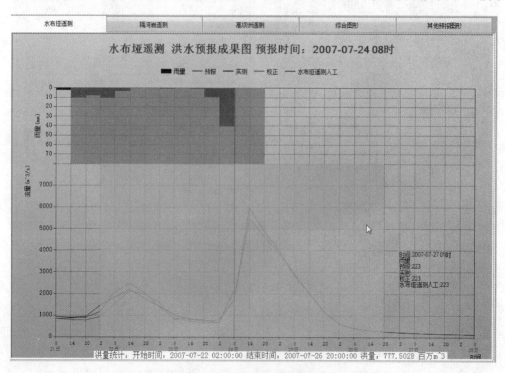

图 6.18　洪量统计界面图

（7）存图。将预报结果图形保存为 JPG 格式图片文件，界面如图 6.19 所示。

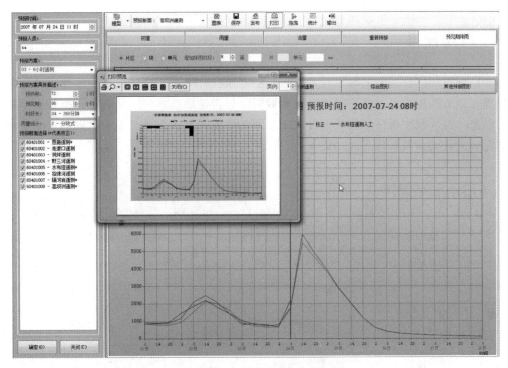

图 6.19 成果存图界面图

（8）输出：将选中断面的预报结果数据输出到 Excel，界面如图 6.20 所示。

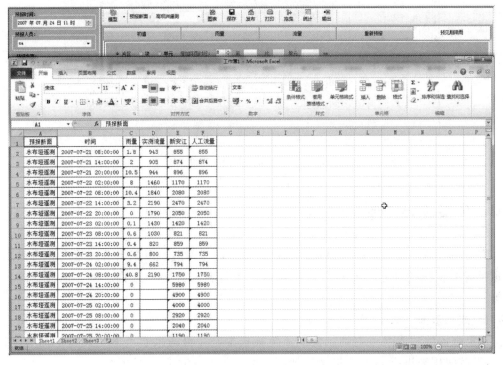

图 6.20 成果输出到 Excel 界面图

6.3 自动预报

自动预报程序在后台实时运行，当到达指定预报时间时，自动进行洪水预报并将预报成果保存到数据库中。在程序界面上显示数据库是否连接正常，以及自动预报是否成功等日志信息。自动预报程序不需要进行人工交互，设置好预报方案与预报时间后，系统即可自动运行。自动预报程序界面如图 6.21 所示。

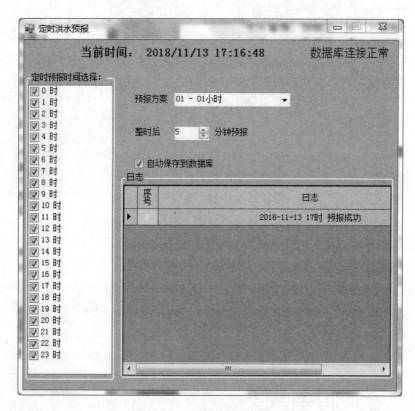

图 6.21　自动预报程序界面图

6.4 预报成果管理

实时预报和自动预报的成果保存到数据库后，即可用预报成果管理程序查看洪水场次预报成果及滚动洪水预报成果，可对成果进行精度评定，可将成果输出、删除、打印等。

6.4.1 成果查询

成果查询的功能是可查询场次洪水预报成果，并可通过右上侧工具栏中的"实测""精度"按钮用来进行洪水预报精度评定，按照《水文情报预报规范》（GB/T 22482—2008）进行评定。成果查询界面如图 6.22 所示。

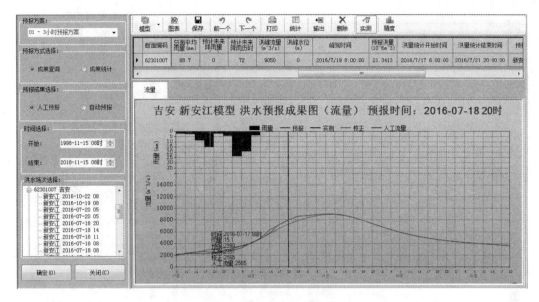

图 6.22　成果查询界面图

默认显示图形界面，通过工具栏中的"图标"按钮进行图形、表格的切换。工具栏中的其余按钮功能与实时洪水预报中的类似，不再详细介绍。重点介绍精度统计功能。

如果要查看某场洪水的预报精度，则选中该场洪水，点击工具栏中的"实测"按钮，则添加该场洪水预见期的实测流量，再点击工具栏中的"精度"按钮，则统计该场洪水的预报精度。包括洪峰误差、洪量误差、峰现时间误差等信息。精度统计界面如图 6.23 所示。

6.4.2　成果统计

成果统计是统计一段时间不同预见期下的滚动预报成果，适用于查询自动预报成果。例如雅砻江流域中分为 6h、12h、18h、24h 等预见期，系统自动计算各预见期下的预报精度及相关特征值，包括流量、水位的预报成果。流量预报成果特征值包括平均相对误差（％）、最大相对误差（％）、最小相对误差（％）、误差出现时间、不同许可误差下的预报合格率；水位预报成果特征值包括平均绝对误差（m）、最大绝对误差（m）、最小绝对误差（％）、误差出现时间、不同许可误差下的预报合格率等。成

特征项	特征值
断面编码	80101008
测站编码	80100012
洪水标识	012016010222016092813011
实测洪峰(m^3/s)	1958.3
预报洪峰(m^3/s)	2110
洪峰误差(%)	7.75
实测洪量(10^6m^3)	254.8164
预报洪量(10^6m^3)	234.7646
洪量误差(%)	-7.87
实测峰现时间	2016/9/28 20:00:00
预报峰现时间	2016/9/28 19:00:00
误差(时段)	-1
确定性系数	0.8126

图 6.23　精度统计界面图

果统计界面如图 6.24 所示。

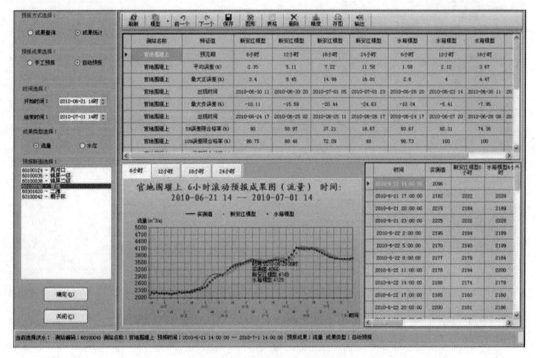

图 6.24 成果统计界面图

6.5 洪水预报成果数据库表结构

洪水预报成果特征值表存放场次洪水的特征值，主要包括洪水起止时间、总降雨量、洪峰流量、洪峰水位、峰现时间、洪量等统计值以及预报人员、预报时间、是否发布、发布单位等信息。洪水预报成果特征值表（ST_FCCHRCT_B）结构见表 6.1。

表 6.1 洪水预报成果特征值表（ST_FCCHRCT_B）结构

字段名	字段说明	类型	字段长度	小数位数	是否为空	是否主键
PJTID	方案编码	char	2		N	Y
BLKCD	预报断面编码	char	8		N	Y
STCD	测站编码	nvarchar	8		N	
FLDID	场次洪水标识	char	23		N	Y
FMID	预报模型标识	char	10		N	Y
FCTM	预报时间	datetime			N	Y
FCNO	预报序号	int			N	Y
FCAP	是否加预见期降雨	char	1		N	Y
FDR	时段长	int			N	
PBGTM	降雨开始时间	datetime				

续表

字段名	字段说明	类型	字段长度	小数位数	是否为空	是否主键
PENTM	降雨结束时间	datetime				
PAV	总面平均雨量（mm）	numeric	4	1		
FCSUMP	预计未来降雨量（mm）	numeric	4	1		
FCSUMDR	预计未来降雨历时（小时）	numeric	7	2		
FMXINQ	预报洪峰流量（m^3/s）	numeric	9	3		
FMXZ	预报洪峰水位（m）	numeric	9	3		
FMXINQTM	预报峰现时间	datetime				
FW	预报洪量（$10^6 m^3$）	numeric	9	3		
FWBGTM	统计洪量开始时间	datetime				
FWENTM	统计洪量结束时间	datetime				
FCDESC	预报方法描述	nvarchar	200			
RLSPRET	是否已发布	nvarchar	1			
RLSTM	发布时间	datetime				
RLTSDESC	预报成果说明	nvarchar	200			
RLSINSTCD	发布单位或人员	nvarchar	200			
RLSWEB	能否进行 Web 发布	char	1			
FW1	1 日洪量（$10^6 m^3$）	numeric	9	3		
FW3	3 日洪量（$10^6 m^3$）	numeric	9	3		
FW5	5 日洪量（$10^6 m^3$）	numeric	9	3		
FW7	7 日洪量（$10^6 m^3$）	numeric	9	3		
FW10	10 日洪量（$10^6 m^3$）	numeric	9	3		
FW15	15 日洪量（$10^6 m^3$）	numeric	9	3		
BACK	备注	nvarchar	9	3		

注 PJTID 与 ST_PJTINF_B 中相同；BLKCD 与 ST_FCSTINF_B 中相同；STCD 与 ST_BLKINF_B 中相同；FL-DID：预报模型标识 10＋预报时间 10＋预报序号 2＋降雨预报 1 共 23 位字符；FCAP：0—不加，1—加；RL-SPRET：0—否，1—是；RLSWEB：0—否，1—是。

洪水预报成果过程表存放场次洪水预报的过程值，包括该场洪水各时段的降雨量、预报流量、校正流量、实测流量、下泄流量、区间流量等。洪水预报成果过程值表（ST_FCCSQ_B）结构见表 6.2。

表 6.2　　　　　　　　洪水预报成果过程值表（ST_FCCSQ_B）结构

字段名	字段说明	类型	字段长度	小数位数	是否为空	是否主键
PJTID	方案编码	char	2		N	Y
BLKCD	预报断面编码	char	8		N	Y
STCD	测站编码	nvarchar	8		N	Y
FLDID	场次洪水标识	char	23		N	Y

字段名	字段说明	类型	字段长度	小数位数	是否为空	是否主键
FTM	发生时间	datetime				
FQ	预报流量（m³/s）	numeric	9	3		
RVSQ	校正流量（m³/s）	numeric	9	3		
RQ	实测流量（m³/s）	numeric	9	3		
FOTQ	下泄流量（m³/s）	numeric	9	3		
QQJ	区间流量（m³/s）	numeric	9	3		
P	降雨量（mm）	numeric	4	1		
BACK	备注	nvarchar	100			

注　表中主键与 ST_FCCHRCT_B 关联。

第7章

洪 水 调 度

水电站水库调度[28]的目的是根据规划设计的意图和规定，结合实际情况充分利用库容，调节水源，在满足工程安全的前提下，妥善处理蓄泄关系，充分发挥水利资源的综合利用效益。

根据水库调度的特点，一般可分为防洪调度和兴利调度。防洪调度的基本任务是在确保工程安全的前提下，对调洪和兴利的库容进行合理安排，充分发挥水库的综合利用效益。兴利调度的任务，则是利用水库的蓄水调节能力，重新分配河流的天然来水使之符合兴利部门的用水要求。

防洪调度是水库调度工作的重点。汛期确保水库度汛安全，保障下游防护区安全，是水库防洪调度的中心任务。在正常情况下，水库防洪调度是根据规划设计确定的大坝设计洪水标准和下游防护区的防洪标准，以及防洪调度方式和各项防洪调度特征水位，按照水库调度规程中有关防洪调度的规定，对入库洪水进行实时调蓄。在出现超过设计标准洪水的非常情况下，应采取紧急抢护措施，力保大坝的安全并减轻下游的洪水灾害损失。

7.1 水库特征水位和特征库容

反映水库工作状况的水位称为特征水位，特征水位对应的相应库容为特征库容（图7.1），它们反映着水库工程的规模和控制运用的要求，是水库防洪调度的基本依据。

（1）死水位（$Z_死$）和死库容（$V_死$）。水库正常运用情况下，允许消落的最低水位，称为死水位，该水位以下的库容称为死库容。一般情况下，死库容是不动用的。

（2）正常蓄水位（$Z_蓄$）和兴利库容（$V_兴$）。水库在正常运用情况下，为满足兴利部门枯水期正常的用水要求，在供水期开始时应蓄到的水

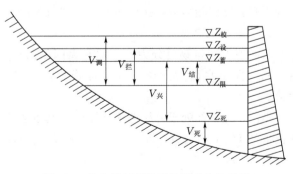

图 7.1 水库特征水位及特征库容示意图

位称为正常蓄水位。正常蓄水位和死水位之间的库容称为兴利库容。

（3）防洪限制水位（$Z_{限}$）和结合库容（$V_{结}$）。水库在汛期来临之间允许兴利蓄水的上限水位，称为防洪限制水位。防洪限制水位与正常蓄水位之间的库容称为结合库容，此库容在汛末要蓄满为兴利所用。在汛期洪水到来之后，此库容可作为滞洪之用，洪水消退时，水库尽快泄洪，使水库水位迅速回降到防洪限制水位，防洪限制水位可以根据洪水特性和防洪要求，在汛期按不同时期分段拟定。

（4）防洪高水位（$Z_{防}$）和防洪库容（$V_{防}$）。当水库遇到下游防护对象的设计洪水时，水库为控制下泄流量而拦蓄洪水，这时坝前达到的最高水位，称为防洪高水位。该水位与防洪限制水位之间的库容称为防洪库容。

（5）设计洪水位（$Z_{设}$）和拦洪库容（$V_{拦}$）。水库遇到大坝设计洪水时，该洪水从防洪限制水位开始，经水库调节后所达到的最高库水位称为设计洪水位，该水位与防洪限制水位之间的库容称为拦洪库容。

（6）校核洪水位（$Z_{校}$）和调洪库容（$V_{调}$）。当水库遇到校核洪水时，该洪水从防洪限制水位开始，经水库调节后所达到的最高库水位称为校核洪水位，该水位与防洪限制水位之间的库容称为调洪库容。

（7）水库总库容（$V_{总}$）。校核洪水位以下的全部库容称为总库容，即 $V_{总} = V_{死} + V_{兴} + V_{调} - V_{结}$。

7.2　水库调洪计算原理

采用水量平衡方程反映水库蓄水量与出库水量的变化，用水库蓄泄方程反映水库蓄量与泄流能力的关系。

1. 水库水量平衡方程

在某一时段 Δt 内，入库水量减去出库水量，应等于该时段内水库增加或减少的蓄水量，水量平衡方程为

$$\frac{Q_1 + Q_2}{2}\Delta t - \frac{q_1 + q_2}{2}\Delta t = V_2 - V_1 \tag{7.1}$$

式中：Q_1、Q_2 为时段初、末的入库流量；q_1、q_2 为时段初、末的出库流量；V_1、V_2 为时段初、末的水库库容；Δt 为计算时段，其长短的选择，应以能较准确地反映洪水过程线的形状为原则。陡涨陡落的，Δt 取短些；反之取长些。

2. 水库泄流曲线

水库泄洪建筑物可分为有闸门和无闸门两种，其中闸门在水面以下开度称为有压泄流；闸门提出水面为无压泄流，称为全开状态。无闸门的泄洪建筑物泄流时为无压泄流。

当泄水建筑物处于有压泄流状态时，其下泄流量 q 与库水位 H、闸门开度 e 有关，下泄流量是 H、e 的函数，即 $q = f(H, e)$；无压泄流建筑物的下泄流量只与库水位有关，即 $q = f(H)$。

实际应用中，会根据下泄流量计算公式计算出相应的下泄流量曲线数据表，使用时，

根据库水位、开度查询即可得出下泄流量。

3. 水位库容关系曲线

水位库容关系曲线是表示水库水位 H 与其相应库容 V 之间关系的曲线，以纵坐标为水位，横坐标为库容绘制而成，其函数关系如下：

$$V = f(H)$$

在水量平衡方程（7.1）中，Q_1、Q_2 为时段初、末的入库流量，通过洪水预报可以得到，q_1 为时段初出库流量，也可以根据曲线、公式等计算得出，V_1 根据时段初水位 H_1 查曲线得出。因此式（7.1）中仅 q_2、V_2 为未知数。而 q 与 V 之间通过水库蓄泄关系曲线、水位库容关系曲线建立关系。因此从洪水开始，逐时段连续求解，即可求出水库下泄流量过程，库容和水库水位变化过程。

7.3 水库调度模型

以上介绍的是水库调洪计算的基本算法，对于不同的水库，由于水库出流设施的特性及使用规程不同，其方程的求解也将各异。水库防洪调度模型是建立在调洪计算方程基础之上，结合水库水工建筑物特性、水库防洪、兴利要求等调度管理规程研制的调度模型。

在实际调度模型的建立中，为使操作使用便利，通过设计编程可设置多种计算模式。

（1）按照水库调洪规程调度。水库调洪规程是水库调度的指导性文件，主要包括水库的防洪调度任务、防洪调度原则、防洪调度时段、防洪限制水位、防洪控制断面、各类防洪调度方式及其相应的水位或流量判别条件、泄水设施运用调度（开启方式、开启顺序、开度变化等）等。根据水库调洪规程，将其程序化，编制相应的洪水调度软件，即为按调洪规程制作调洪方案。

（2）给定库水位调度。为满足上游防洪要求，设置控制库水位的调洪计算方式，使计算出的库水位过程满足防洪的实际需求。

（3）给定出库流量调度。通过控制出流的调洪方式，控制下泄流量，进行防洪补偿调节，以满足下游防洪要求。

（4）给定闸门调度。按照以上三种调度方式，计算出的闸门开启顺序和开启方式可能变化比较频繁，不利于实际操作。为使调洪计算的结果更便于实际操作，可设置控制闸门的操作方式，通过操作计算可使库水位、下泄流量满足上、下游的防洪要求，且闸门的启闭又简便易行。

（5）控制回升水位调度。在进行洪水调度时，水库工作人员通常希望洪水过后的库水位达到某一个设定值，例如正常蓄水位、汛限水位等，同时闸门开启方式尽量简单，以便于实际操作。控制回升水位调度方式需要提前设定好闸门开启方式及开度组合，用户需从中选择，确定一种，作为计算的条件。

计算时，给定回升水位，给定开闸时间，给定闸门开启方式及开度，则系统按照给定条件进行试算，计算关闸时间，使得本次洪水结束时，库水位达到回升水位。

7.4　洪水调度计算步骤

（1）读取时段初水位 H_1，查水位库容关系曲线计算时段初库容 V_1。

（2）计算汛限水位 H_{lim} 对应的库容 V_{lim} 与时段初库容 V_1 之差 $DV = V_{lim} - V_1$。

此处默认为按照水库调度规程调度，因此目标水位为汛限水位；如果按照给定水位调度，则目标水位为给定的库水位。

（3）计算时段平均入库流量 $DQ = \dfrac{Q_1 + Q_2}{2}$，$Q_1$、$Q_2$ 为时段初、末的入库流量。

（4）计算出库流量 $QO = DQ - DV/\Delta t$，Δt 为计算时段长。如果为给定出库流量调度，则 QO 取给定值。

（5）如果出库流量 QO 小于等于发电流量 QE，则无需通过泄水建筑物放水，下泄流量 QY 为 0，直接计算时段末库容 $V_2 = V_1 + (DQ - QE)\Delta t$。

（6）如果出库流量 QO 大于发电流量 QE，则初步下泄流量 $QY = QO - QE$。

（7）根据下泄流量和时段初水位，计算出各个闸门的开度。计算时，按照闸门调度规程，逐步按照闸门的开启顺序和开度进行计算，当计算出的下泄流量大于等于初步下泄流量，则计算结束。

（8）根据时段初水位、闸门开度计算时段初下泄流量 QY_1。

（9）对水量平衡方程 $V_2 - V_1 = + \left(DQ - QF - \dfrac{QY_1 + QY_2}{2} \right)\Delta t$ 进行变换，可得式：

$$V_2 + \frac{QY_2}{2}\Delta t = V_1 + \left(DQ - QF - \frac{QY_1}{2} \right)\Delta t$$

式中：QY_1、QY_2 为时段初、末下泄流量。

式中右侧为已知量，需要通过试算确定合适的 V_2 和 QY_2，使得等式成立。

（10）计算出时段末水位的变化范围 H_{11} 和 H_{12}，其中：H_{11} 为死水位；H_{12} 为 $V_1 + DQ \times \Delta t$ 对应的水位。

（11）利用 0.618 法求得时段末库容 V_2、时段末水位 H_2，计算 QY_2，使得上等式成立。

（12）计算时段平均下泄流量 $QY = \dfrac{QY_1 + QY_2}{2}$，时段平均出库流量 $QO = QY + QE$。

7.5　洪水调度系统界面介绍

水库的防洪调度规程主要受汛期限制水位控制，其他规程则为水工建筑物的运行限制条件。根据水库防洪调度基本原则，结合工程设计指标和水库多年实际运行经验，水库的防洪调度分以下两种情况处理：

第一种情况：当水库起调水位较低或来水过程属中、小洪水，一次入库洪量不及发电水量，尚达不到汛限水位时，则无需弃水，通过运算，输出当前库水位及相应库容剩余库容、最终库水位等要素。

第二种情况：以防洪限制水位为标准，当来水量大于水库剩余库容（即库水位将超过汛限水位）时，在满足发电和蓄水情况下，根据防洪原则，采用人机对话的方式，进行方便灵活的调洪演算操作。

系统界面图形左侧为设置界面，包括电站选择、时段选择、需要调度的洪水选择、限制条件、调度方式等；界面右上方为工具栏，包括图形、表格切换、保存至数据库、保存图形、输出到 Excel 文件等；界面下方为结果展示区，包括闸门开度过程表、流量过程图形、水位过程图形以及计算过程表、特征值统计表等。

洪水选择的方式有读取预报结果和人工输入两种。读取预报方式是在做洪水调度之前，先进行洪水预报，将预报成果保存至数据库，然后进行选择读取即可；人工输入方式适合进行模拟洪水调度，人工设置洪水开始时间、结束时间，输入洪水流量过程即可。

限制条件包括起调水位（即时段初水位）、汛限水位、机组过流等，用户均可对其进行人工修改。

水库防洪调度系统的主要功能如下：

（1）入库洪水统计，对一次洪水过程进行峰及 1d、3d、5d 洪量统计，以及有关的宏观调洪分析，是否需要调洪等。

（2）按调洪规程调度，根据水库的防洪规程及水工建筑物的运行条件，进行水库的调洪计算；洪水调度界面如图 7.2 和图 7.3 所示。

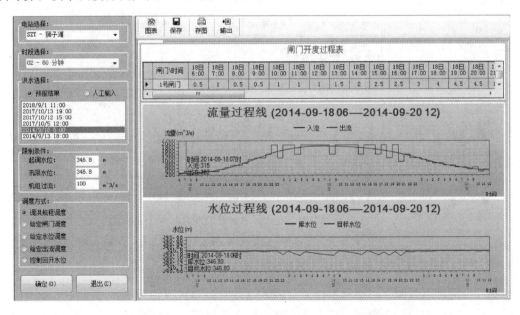

图 7.2　洪水调度界面图——调洪规程调度图形

按照调洪规程调度时，用户可对入库流量及发电流量在表格中直接进行修改，系统会根据修改值重新进行洪水调度计算，如图 7.3 所示。

（3）给定闸门开度调洪，根据操作人员输入的各时段闸门开度对水库进行调洪计算，界面如图 7.4 所示。用户可在表格中对闸门开度进行修改，系统会根据修改值自动计算。

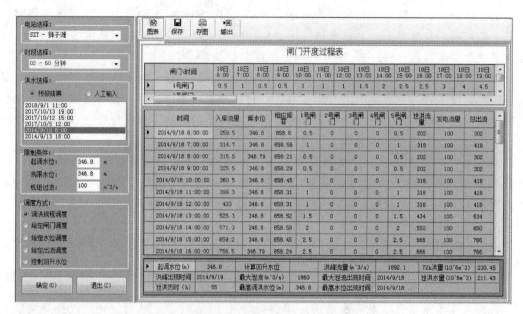

图 7.3　洪水调度界面图——调洪规程调度表格

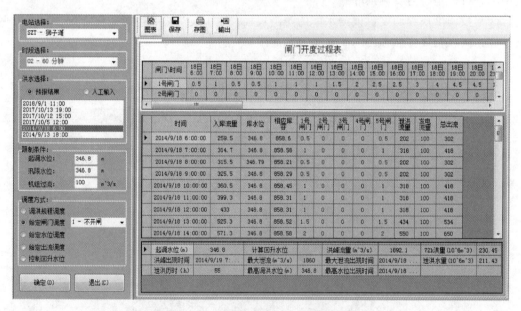

图 7.4　洪水调度界面图——给定闸门调度

（4）给定库水位调洪，根据操作人员输入的各时刻库水位，对水库进行控制库水位的调洪计算，界面如图 7.5 所示。用户在表格中输入各时段的目标水位，系统按照给定的目标水位进行调洪演算。

（5）给定出流过程调洪，根据操作人员输入出库流量值，对出流进行控制调洪，使其各时段的出流均小于输入的出库流量值，界面如图 7.6 所示。用户可在表格中对各时段的目标出流及发电流量进行修改，系统按照修改值计算出库流量，使其满足目标出流约束要求。

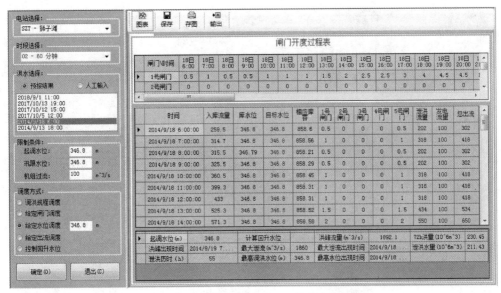

图 7.5 洪水调度界面图——给定水位调度

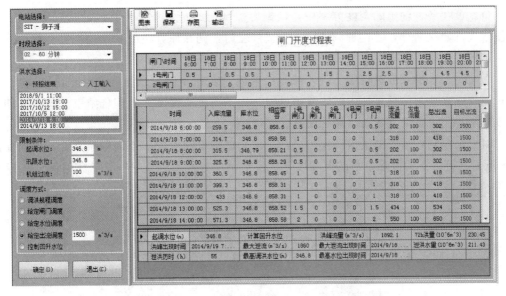

图 7.6 洪水调度界面图——给定出流调度

（6）控制回升水位调度，计算时，用户给定控制回升水位、开闸时间、闸门开启方式及开度，则系统按照给定条件进行试算，计算关闸时间，使得本次洪水结束时，库水位最为接近控制回升水位，界面如图 7.7 所示。其中开闸时间应大于等于本场洪水的开始时间；开闸水位可以人工设定，也可以采用系统默认计算值；开闸方式从系统给定的开闸方式中选择。

通过以上各功能的计算均可得到相应的调洪计算结果，用以指导水库的防洪决策。实际运行经验表明，最佳防洪调度运行方案，往往孕育在各种计算方案及人工经验之中。为此，在防洪调度中，通过防洪调度软件的运行，人机对话方式的交互计算、决策，水情调

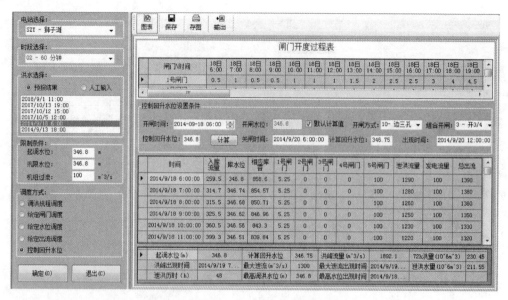

图 7.7　洪水调度界面图——控制回升水位

度人员，可在各种输出的调度方案中，依据有关部门的指示意见和自己的实际经验估计，方便地进行调洪演算，若这种调洪结果不被接受时，则在原方案的基础之上进行修改、补充，再输入新的调度方案，得到新的调度结果，直至满意为止。

在实时洪水的调度过程中，当流域本次降雨过程在本时段预报调度时刻已基本结束，或对能较可靠地预估预见期内时段降雨量时，则本次洪水调度运算即告结束。若预见期内继续降雨，则可重复上述防洪调度演算步骤。

对于保存到数据库的洪水调度成果，可以通过洪水调度成果查询程序查看，界面如图7.8 所示。可以查看该场洪水的调度成果，包括调度方式、起调时间、结束时间、入库水

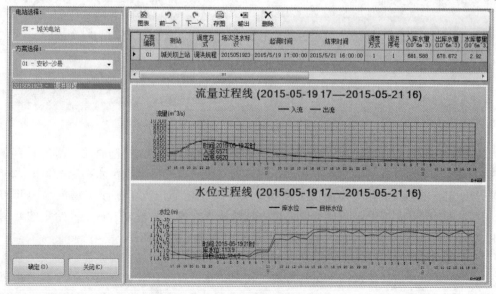

图 7.8　洪水调度成果查询界面图

量、出库水量、起调水位、最高水位、结束水位、目标水位、最大入库流量、最大出库流量等特征值，以及入库流量过程、出库流量过程、库水位过程等过程数据序列。

7.6 预报调度耦合

梯级水电站的洪水预报是从最上游水电站到下游水电站逐级进行的。洪水预报是洪水调度的基础，洪水调度成果又是下一级水电站的预报来源之一，对于当前水电站来说，其入库流量由上游水电站的出库流量以及区间流量叠加而成。在预报时，首先预报出上游水电站的入库流量，然后对入库流量进行调洪演算，得到出库流量，采用河道汇流计算方法演算到当前水电站断面；区间流量预报采用降雨径流模型计算，两者叠加即为当前水电站断面的预报入库流量。

系统采用以下三种方式进行洪水调度：

（1）按照调洪规程进行调度。将调洪规程在系统中程序化，系统根据调洪规程自动进行计算。

（2）人工调度。实际生产过程中，由于控制水位、闸门工况、机组工况、闸门开启方式以及下游防洪对象的要求等，水电站的洪水调度往往与调洪规程存在一定的差异，因此，系统应设置人工调度界面，提供灵活的洪水调度操作方式。

（3）人工输入出库流量。梯级水电站往往不属于同一个运营单位，各水电站在管理上、信息通信上往往存在一定的差异以及不足，对于下游水电站，很多情况下不能得到上游水电站的详细调度信息，往往需要预报人员根据经验以及与上游水电站的沟通情况，人工输入出库流量，因此系统中应设置人工干预窗口，人为给定出库流量。

其中第（1）、（3）种方式可以集成在"实时洪水预报"程序中，程序设置相应的操作界面；第（2）种方式，系统单独开发"洪水调度"程序。

7.7 洪水调度成果数据库表结构

洪水调度成果特征值表存放调度成果的特征值，包括起调时间、结束时间、调度方式、入库水量、出库水量、水库蓄量、起调水位、最高水位、入库最大流量、出库最大流量等。洪水调度成果特征值表（ST_FACHRCT_B）结构见表7.1。

表7.1 洪水调度成果特征值表（ST_FACHRCT_B）结构

字段名	字段说明	类型	字段长度	小数位数	是否为空	是否主键
PJTID	方案编码	char	2		N	Y
BLKCD	预报断面编码	char	8		N	Y
STCD	测站编码	nvarchar	8		N	Y
FAID	调度标识	char	47		N	
FLDID	场次洪水标识	char	23		N	Y
BGTM	起调时间	datetime			N	Y

续表

字段名	字段说明	类型	字段长度	小数位数	是否为空	是否主键
ENTM	结束时间	datetime			N	Y
FATP	调度方式	char	2		N	Y
FANO	调洪序号	int			N	Y
INW	入库水量（10^6m^3）	numeric	9	3		
OTW	出库水量（10^6m^3）	numeric	9	3		
W	水库蓄量（10^6m^3）	numeric	9	3		
BGZ	起调水位（m）	numeric	7	3		
MXZ	最高水位（m）	numeric	7	3		
ENZ	结束水位（m）	numeric	7	3		
FSLTDZ	汛限水位（m）	numeric	7	3		
MXINQ	入库最大流量（m^3/s）	numeric	9	3		
MXOTQ	出库最大流量（m^3/s）	numeric	9	3		
RLSTM	发布时间	datetime				
FADESC	调度成果说明	nvarchar	200			
RLSINSTCD	发布单位	nvarchar	200			
RLSWEB	能否进行 Web 发布	char	1			
BACK	备注	nvarchar	100			

注　PJTID 对应 PJTINF_B；BLKCD 对应 ST_FCSTINF_B；STCD 对应 ST_BLKINF_B；FAID：由场次洪水标识 23＋起调时间 10＋结束时间 10＋调度方式 2＋调洪序号 2 共 47 位组成；FATP：01—调洪规程；02—给定闸门；03—给定水位；04—给定出流；05—控制回升水位。

洪水调度成果过程值表存放调度成果的过程值，包括各时段的入库流量、水库水位、库容、发电流量、下泄流量、出库流量等。洪水调度成果过程值表（ST_FACS_B）结构见表 7.2。

表 7.2　　　　　　　洪水调度成果过程值表（ST_FACS_B）结构

字段名	字段说明	类型	字段长度	小数位数	是否为空	是否主键
PJTID	方案编码	char	2		N	Y
BLKCD	预报断面编码	char	8		N	Y
STCD	测站编码	nvarchar	8		N	Y
FAID	调度标识	char	47		N	Y
FTM	时间	datetime			N	Y
INQ	入库流量（m^3/s）	numeric	9	3		
Z	水库水位（m）	numeric	7	3		
W	库容（10^6m^3）	numeric	9	3		
EQ	发电流量（m^3/s）	numeric	9	3		

字段名	字段说明	类型	字段长度	小数位数	是否为空	是否主键
YQ	下泄流量（m³/s）	numeric	9	3		
OTQ	出库流量（m³/s）	numeric	9	3		
BACK	备注	nvarchar	100			

注 表中主键与 ST_FACHRCT_B 关联。

第8章

误 差 修 正

洪水预报是一项复杂的系统性工作，预报误差不可避免[6]。为了减小预报误差，提高预报精度，需要采取误差修正技术。

8.1 概述

8.1.1 预报误差来源与分类

洪水预报误差是难以避免的，其来源也是多样的，比如仪器故障，水利工程蓄放水等引起，按照来源分类，预报误差主要包括水文规律简化误差、模型参数误差、输入数据误差、系统状态变量误差等，下面简要介绍一下每种误差的含义。

（1）水文规律简化误差。建立水文模型都需要对水文规律进行简化概化，在此过程中不可避免地要舍弃某些次要规律，这就造成模型结构与实际规律之间存在偏差，因此这种误差也叫模型结构误差。比如新安江模型中将下垫面简化为三层、坡面汇流简化为线型水库等都属于这类误差。

（2）模型参数误差。模型参数反映的是流域时空平均情况，描述的是洪水产生与发展的共性与普遍性，然而在实际流域中，每场洪水产生与发展的下垫面和气候条件（比如雨型、雨量、初始土壤湿度等）都是不同的，因此对应的参数也不一样，严格意义上讲，用多年实测资料确定的模型参数与任何一场洪水都是不相符的，这种由于参数引起的预报误差称为模型参数误差。

（3）输入数据误差。水文模型输入数据主要包括降雨、蒸散发等，除了仪器的观测误差难以避免之外，还存在一些特殊的误差对预报结果影响很大，对于降雨资料往往存在由于仪器故障引发的冒大数问题，这对模型的产汇流计算结果影响很大；对于蒸散发资料往往存在累计误差问题，每年第一场洪水的预报受其影响很大。

（4）系统状态变量误差。模型运行的初始时刻要对系统状态赋值，如新安江模型要估计初始土壤含水量、初始自由水蓄量等，由于目前观测值还不能有效地同化为模型值，因此可能存在较大误差，这种误差具有传递性，随着模型的运行反映到以后各预报结果中。

8.1.2 实时洪水预报误差修正的概念

流域水文模型通常认为所研究的系统是线性的，而且不随时间变化。一个流域水文系统，严格地讲是一个随时间变化的非线性的系统，结构很是复杂，规律不好掌握，因此考虑模型结构和摸索规律时，总是要有一系列的假设和结构简化近似，这在模型模拟中带来一定的误差，模型外延中一般误差会更大。模型参数也存在一定的不确定性，这主要是由于历史水文资料的代表性较差或是历史资料缺乏所致。实时洪水的预测与估计系统中误差更多，常见的有测量工具故障、大坝蓄泄水、水文规律变化，这些误差往往难以避免，造成流域水文模型时常达不到预报精度要求，误差修正技术应运而生。

水文模型通常要经过概化简化而成，这时往往忽略一些对实际洪水有一定影响的次要因素，这些因素是无法考虑的、没有考虑的或考虑了也是不适当的，实时洪水预报误差修正是指利用实时观测信息，包括流量信息、降雨信息等对预报误差进行实时校正，减小或消除上述次要因素的影响，以弥补流域水文模型的不足[27]。

8.1.3 几种实时洪水预报修正方法

国内外学者对实时修正技术已经研究多年，方法可谓多种多样，如果按修正内容划分，归纳起来可分为五种，包括模型参数修正、模型误差修正、模型状态变量初值修正、模型输入正修正和综合修正[29]。若按预报与修正模型的关系划分，可分为两类：预报模型与修正模型统一为一个整体，像 CLS 模型这样的黑箱模型大都采用这种模式；预报模型与修正模型相分离，作为两个独立部分，这种方法往往先利用水文模型做出预报，然后用修正模型进行修正，比如新安江模型与误差自回归模型相结合。实时修正方法与预报模型密切相关，要根据预报模型适当选用修正方法。准确地说是与模型自身所用的具体算法、表达式的具体结构等相关。对与线性系统模型相关的修正模型已研究多年，在这方面也取得了较辉煌的进展，比如理论基础很强的卡尔曼滤波模型。

误差自回归模型与卡尔曼滤波模型已有详细介绍，本书分别介绍状态变量初值修正方法——ISVC 方法[8]，产流修正的系统响应修正方法[30]。

8.2 ISVC 方法

基于状态变量初值修正（Initial State Variable Correction）的洪水预报方法，简称 ISVC 方法。从原理、步骤、特点等对 ISVC 方法进行说明。

8.2.1 ISVC 方法原理

典型的洪水预报过程如图 8.1 所示。

图 8.1 上半部分为降水量，下部实线为实测流量，带三角形的实线为计算流量。图形中间竖线为预报时间，洪水预报的预报时间一般是在主降水过程结束之后。计算开始时间到预报时间称为预热期，预报时间到计算结束时间称为预见期（严格来说，预见期应该是主降水结束到实测洪峰出现之间的时长，为便于描述，称预报时间到计算结束时间为预见期）。对于预报时间来说，预热期是已经过去的时期，有实测的降水量和流量；预见期是未来一段时间，有计算预报流量，也可以根据天气预报情况获取预见期内的降水量。洪水预报即是利用预热期内的实测降水和预见期内的预报降水对预见期内的洪水过程进行预报。由于流域产汇流的作用，主降水过程过后若干个时段才会出现洪峰，越早、越准确的预报出预见期内的洪峰、洪量、峰现时间，洪水预报的工作越成功。

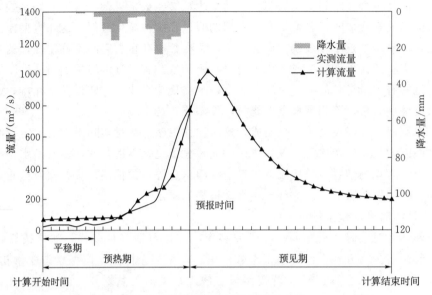

图 8.1　典型的洪水预报过程示意图

　　预热期开始阶段流域上只有零星降水，主降水还未到来，河道里水流平稳，没有明显的上涨，称这段时间为平稳期。水文模型在平稳期的计算流量主要来自于状态变量初值。例如在新安江模型中，在没有明显降水的平稳期阶段，计算出的断面流量来自于自由水库的壤中流和地下径流，在水箱模型中，平稳期计算流量来自取各水箱的初始蓄水量。在平稳期之后，随着主降水的到来，计算出的流量不仅来自于状态变量初值，而且来自于降水量。因此，平稳期的计算流量是对状态变量初值的反映，可以用平稳期的实测流量与计算流量判断状态变量初值是否准确。可以认为：平稳期计算流量准确，则状态变量初值准确，反之，平稳期计算流量不准确，则状态变量初值不准确。这摆脱了概念性模型状态变量在现实世界中难以依赖实测的物理量对其准确性进行判断的束缚，为衡量状态变量初值是否准确提供了新的途径。

　　ISVC 方法的基本原理是，首先采用水文模型连续计算得到的状态变量初值进行洪水预报，然后采用平稳期的实测流量与计算流量建立误差目标函数，利用优化算法率定出最优的状态变量初值，最后采用率定出的状态变量初值重新进行洪水预报计算。由于状态变量初值对洪水预报具有系统性和连续性的影响，平稳期的计算流量准确了，预热期、预见期的计算流量也相应准确。

8.2.2　ISVC 方法步骤

　　根据 ISVC 方法的基本原理，设计出 ISVC 方法的具体步骤如下：

　　（1）基于人工经验给定年初的状态变量值，采用水文模型连续模拟至预热期开始时刻，用此时的状态变量初值进行初次洪水预报。或基于经验，人工赋值一套较为合理的状态变量初值进行初次洪水预报。

　　（2）通过观察预热期内的实测和计算的洪水过程，确定平稳期。

　　（3）计算平稳期内计算流量与实测流量的误差，判断误差是否大于阈值；如果是，则进行第（4）步，如果不是，则结束。

（4）计算平稳期的计算流量与实测流量的偏差 U。

（5）按照 U 确定状态变量初值修正时对应参数的取值范围。

（6）采用优化算法寻找最优状态变量初值。

（7）重新进行洪水预报。

ISVC 方法计算流程如图 8.2 所示。

在以上步骤中，对以下 6 点进行说明：

8.2.2.1 平稳期的确定

平稳期是预热期内计算开始时间到洪水开始起涨的时间，平稳期内主降水还未到来，只有零星降水，计算流量主要受状态变量初值的影响，流量变化平缓。ISVC 方法根据平稳期的计算流量和实测流量进行状态变量初值的修正，因此平稳期的选择非常关键。

平稳期采用人工选定方式。人工观察初次预报的预热期内的计算情况，选择实测和计算流量没有明显起涨、主降水开始的时刻作为起涨点，预热期内计算开始时间到起涨点之间为平稳期。

对于历史洪水，平稳期较容易确定，而对于实时洪水，由于降水过程是动态变化的，主降水开始时刻不容易确定，因此，平稳期可以动态调整，预报员根据实时降水情况、天气预报情况以及经验确定平稳期。

8.2.2.2 平稳期误差及阈值的确定

在使用 ISVC 方法时，不是所有的洪水都需要进行状态变量初值的修正。由于模型输入和模型参数不可避免的出

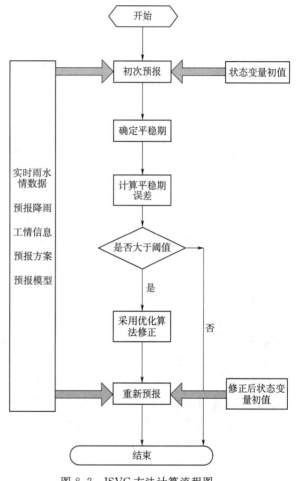

图 8.2 ISVC 方法计算流程图

现误差，状态变量初值也会出现误差，但是一定范围内的误差是正常的，因此需要设置平稳期阈值，当初次预报的洪水平稳期误差大于平稳期阈值时，认为该场洪水的状态变量初值误差较大，需要进行修正。

在水文预报中，评价预报过程准确度的指标是确定性系数 N_S，是取值范围小于等于 1 的数，当 N_S 越接近于 1，表明计算流量与实测流量误差越小，当 $N_S = 1$ 时，计算值等于实测值。确定性系数适合于有起涨、消退现象过程的评价，对于变化平缓，甚至没有变化的过程，确定性系数的评价并不准确。例如：序列中数据完全相同的两组序列，按照 N_S 的计算公式，分母为 0，计算出的 N_S 为无穷大，这显然是不合理的。而平稳期的流量

变化平缓，因此用确定性系数计算出的数值不能反映实际情况，归一化误差不受数据序列过程取值的限制，计算出的数值越接近于 0，表明误差越小，适合于对平稳期误差的评价。本书平稳期误差采用以下四种归一化误差计算值：

（1）平均相对误差（E_{RE}）[30]，计算公式如下：

$$E_{RE} = (1/n) \sum_{i=1}^{n} \left| (Q_{Ct} - Q_{Ot})/Q_{Ot} \times 100\% \right| \tag{8.1}$$

（2）对观测值均值归一化的平均均方根误差（E_{Rm}）[31]，计算公式如下：

$$E_{Rm} = \sqrt{(1/n) \sum_{i=1}^{n} \left[(Q_{Ct} - Q_{Ot})/Q_{AO} \right]_A^2} \tag{8.2}$$

（3）对每点观测值归一化的平均均方根误差（E_{Rd}）[31]，计算公式如下：

$$E_{Rd} = \sqrt{(1/n) \sum_{i=1}^{n} \left[(Q_{Ct} - Q_{Ot})/Q_{Ot} \right]^2} \tag{8.3}$$

（4）归一化绝对误差（E_{NAE}）[30]，将预测的平均绝对误差对观测值的均值归一化，计算公式如下：

$$E_{NAE} = \sum_{i=1}^{n} \left| Q_{Ct} - Q_{Ot} \right| \Big/ \sum_{i=1}^{n} Q_{Ot} \tag{8.4}$$

式中：Q_{Ct} 为计算流量；Q_{Ot} 为实测流量；Q_{AO} 为实测流量均值；n 为资料序列长度。

当预测无误差时，四种误差的计算结果为 0。

ISVC 方法目的是对不合格洪水进行修正，以提高预报精度。对于历史洪水，可以通过洪峰误差、洪量误差判断洪水是否合格。对于作业预报时的洪水，由于实测洪峰洪量均不可知，无法计算洪峰误差、洪量误差，无法直接判断是否合格。因此，需要找到平稳期阈值与整场洪水是否合格之间的关系，通过阈值反映洪水是否合格。如果平稳期误差超过阈值，则认为该场洪水不合格，需要修正。反之不修正。阈值与流域有关，与洪水预报方案有关，同一流域的不同预报方案，对应的阈值也不相同。阈值需要通过历史洪水确定，从统计学的规律来说，更多的样本更能反映统计规律，因此在确定阈值时，需要尽可能多的历史洪水。

具体的阈值确定方法是，按照预报方案对历史洪水进行模拟预报，统计平稳期误差与合格率。一般情况下，平稳期误差越小，洪水合格的概率越大；平稳期误差越大，洪水合格的概率越小。按照平稳期误差从小到大的顺序排列洪水，分析误差与合格率之间的关系。当平稳期误差大于某一个值时，洪水合格率显著降低，此值就是阈值。

阈值的设置既不能太大也不能太小，阈值设置过大，则需要修正的洪水少，可能存在修正不足的问题；阈值设置过小，则需要修正的洪水多，可能存在过量修正的问题。

8.2.2.3　偏差

采用偏差[31]衡量计算流量对实测流量的平均系统性偏离，偏差量 U 为平稳期计算流量平均值与实测流量平均值的差。计算公式如下：

$$U = Q_{AC} - Q_{AO} \tag{8.5}$$

式中：Q_{AC} 为计算流量的平均值；Q_{AO} 为实测流量的平均值。

ISVC 方法中，根据偏差量 U 设置状态变量的取值范围。当 $U > 0$ 时，则表示计算值偏大，需要减小状态变量初值；当 $U < 0$ 时，则表示计算值偏小，需要增大状态变量初值。

8.2.2.4 状态变量初值的系数修正法

大部分概念性水文模型是分散型模型，为考虑降水分布不均匀对面雨量计算的影响，需要对流域进行分块，每块包含若干个雨量站，分别设置权重计算面雨量。流域各分块是独立的计算单元，均有一组状态变量，因此会计算出多组状态变量初值。如果每组的状态变量初值数为 m，流域分块数为 n，则状态变量初值数为 $m \times n$，在使用 ISVC 方法时，如果对每一块的每个状态变量初值都进行修正，则会大大增加工作量，产生"维数灾"的问题，影响 ISVC 方法的效率。为解决此问题，本书采用修正系数的方式，为每个状态变量初值给定一个系数，然后修正系数，各块的状态变量初值都乘以修正系数作为修正后的状态变量值。这样修正的参数数量与状态变量初值的数量相同，均为 m 个，可以大大减小计算量并有效减轻"维数灾"现象。

以新安江模型为例，WU、WL、WD、FR、S、QI、QG 等 7 个状态变量分别对应 α_1、α_2、α_3、α_4、α_5、α_6、α_7 等 7 个系数。系数的取值范围与偏差量 U 有关，偏差量 U 对应的系数取值范围见表 8.1。

表 8.1   状态变量系数取值范围表

U	系数	α_1	α_2	α_3	α_4	α_5	α_6	α_7
$U>0$	最小值	0	0	0	0	0	0	0
	最大值	1	1	1	1	1	1	1
$U<0$	最小值	1	1	1	1	1	1	1
	最大值	$WUM/WU_{\min}$	$WLM/WL_{\min}$	$WDM/WD_{\min}$	$1/FR_{\min}$	$SM/S_{\min}$	$(Q0/2)/QI_{\min}$	$(Q0/2)/QG_{\min}$

其中 $WU_{\min}$、$WL_{\min}$、$WD_{\min}$、$FR_{\min}$、$S_{\min}$、$QI_{\min}$、$QG_{\min}$ 为各块中状态变量初值的最小值，当最小值为 0 时，除数为 0，导致程序计算出错，为避免此问题，将其设定为 0.001。修正状态变量值时，对于为 0 的状态变量值，设置为 0.001 再乘以修正系数，避免修正后状态变量初值没有变化的问题。当修正后的状态变量初值大于各状态变量取值范围时，取各状态变量取值的最大值。

8.2.2.5 目标函数

采用优化算法寻找最优状态变量初值时，所用到的目标函数采用误差的绝对值，即

$$BO = \sum_{i=1}^{n} \{ |Q_{Ct} - Q_{Ot}| \} \Big/ \sum_{i=1}^{n} Q_{Ot} \qquad (8.6)$$

式中：Q_{Ot} 为实测流量；Q_{Ct} 为计算流量；n 为资料序列长度。

8.2.2.6 优化算法

常用的优化算法有 SCE-UA 算法、遗传算法、粒子群算法（PSO）、蚁群算法等，各种优化算法均可应用于 ISVC 方法中，本书选用粒子群算法（PSO）。

8.2.3 ISVC 方法特点

ISVC 方法是一种溯源的洪水预报修正方法，从洪水预报的误差源头之一状态变量初值入手进行修正，具有以下特点：

（1）独立性。ISVC 方法不对水文模型的原有设置做任何改变，不改变模型结构、参数、输入、输出，只是利用水文模型的计算流量与实测流量建立误差目标函数，不对原预

报方法做任何改变，可作为独立模块使用，具有较强的独立性。

（2）通用性。绝大多数概念性水文模型会受到状态变量初值的影响，ISVC 方法的原理对概念性水文模型均适用，在应用时，只需根据水文模型设置需要进行修正的状态变量初值即可。因此，ISVC 方法具有通用性。

（3）实用性。ISVC 方法只需要利用少量的实测流量数据，数据容易获取并且精度较高。该方法不仅可以用于洪水模拟计算，还可以用时实时洪水预报。ISVC 方法利用平稳期的资料对状态变量初值进行修正，平稳期内主降水还未到来，而实时洪水预报一般在主降水结束后进行，ISVC 方法在主降水到来之前对状态变量初值进行修正，为实时预报做好准备，因此 ISVC 方法具有一定的实用性。

8.3　系统响应修正方法

系统响应修正方法是包为民教授提出的，目的是另辟蹊径，摆脱传统方法物理基础不强、修正效果不理想的缺陷，进一步改善洪水预报修正效果，提高预报精度。该方法第一次应用是对产流进行修正。2012 年，包为民教授提出了基于单位线反演的产流误差修正方法[33]，这是该方法应用于线性系统；2013 年，包为民、司伟等提出了产流误差的动态系统响应曲线修正方法[34,35]，将线性系统扩展到非线性系统，为以后方法的发展奠定了基础，随后，产流修正得到进一步的发展，先后发表了多篇国内外论文；系统响应修正方法也应用于对面降雨的修正上。2013 年，司伟、包为民等在"降雨误差系统响应曲线修正方法研究"[36]一文中第一次将系统响应修正方法应用于降雨；2015 年司伟、包为民等在"动态系统响应曲线实时修正方法"[9]一文中，深入阐述了降雨的系统响应修正方法的理论基础，全面探讨了应用效果，成功发表于 WRR，受到国外学者的认可；此外，系统响应修正方法还应用于自由水蓄量、土壤含水量等方面，均取得了较好的修正效果[37]。

8.3.1　系统响应的概念与作用

一个完整的系统，由输入数据、输出结果和系统因素共同构成，如图 8.3 所示。

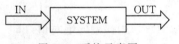

图 8.3　系统示意图

图 8.3 中，IN 表示输入数据；OUT 表示输出结果；SYSTEM 表示系统。

这里把构成系统的所有要素和它们相互关系的总和称为系统因素。系统通过系统因素发挥作用，系统因素主要包括系统结构、参数、状态变量等。

系统响应是指输入数据的变化量通过系统处理后，最终引起的输出结果的变化。

首先考虑简单的单变量系统响应，如式（8.7）所示：

$$y = f(x) \tag{8.7}$$

式中：x 为输入数据；y 为输出结果；f 为系统因素。

对连续可导函数，输入数据 x 的微分表达为

$$dy = f'(x)dx \tag{8.8}$$

输出结果的变化量 dy 称为输入数据变化量 dx 的系统响应，当 dx 为一个单位时，系统响应在数值上恰好相当于 x 的导数。

由上述分析可知，系统响应 dy 由输入数据的变化量 dx 和导数 f' 决定，而 f' 由系统因素 f 决定，因此系统因素 f 和 dx 均能反映在系统响应中，特别是当 dx 取一个单位时，系统响应恰好反映系统因素 f。

同理多变量的系统响应全微分表达式为

$$dy = \frac{\partial f}{\partial x_1}dx_1 + \frac{\partial f}{\partial x_2}dx_2 + \cdots + \frac{\partial f}{\partial x_n}dx_n \tag{8.9}$$

式中：$x_1, x_2, \cdots, x_n$ 为输入数据；y 为输出结果。

系统响应对研究复杂的系统具有重要作用。上述单变量连续可导函数构成的系统比较简单，系统因素容易表达，但对于较复杂的系统，比如新安江模型构成的系统，要直接表述降雨与流量之间的关系很困难，这时系统响应就成为反映系统因素的重要手段，能够把其中复杂的关系显性表达出来。

系统响应具有一定的物理意义，比如对于一个流域来说，保证其他条件相同的情况下，雨量变化必然通过流域系统引起出口流量的变化，该变化量与流域系统密切相关，反过来，出口流量的变化又必然反映了雨量的变化，同时也反映出流域系统的具体情况，这种引起与被引起和反映与被反映的关系是具有物理机制的。

该理论应用于新安江模型，即将新安江模型作为研究系统，此时系统因素包括新安江模型的结构、参数和状态变量等。

8.3.2 DSRC 方法介绍与讨论

8.3.2.1 DSRC 方法介绍

DSRC 方法是系统响应修正方法在产流上的应用，主要过程是用流量预报误差信息反演产流修正值，首先计算产流系统响应曲线，作为时段产流与出口流量之间的桥梁，然后通过最小二乘法，利用流量预报误差信息，反演计算产流修正值，进而对计算产流进行修正，最后把修正后的计算产流系列代入原系统，对预报流量进行修正。

DSRC 方法的核心是产流系统响应曲线，所谓产流系统响应曲线是指产流的单位变化量引起的出口流量变化量构成的过程线，如图 8.4 所示。

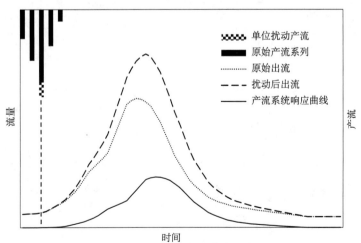

图 8.4　产流系统响应曲线示意图

图 8.4 中，给定某一时刻产流一个单位的扰动，出流过程相应发生改变，扰动前后出

流过程之差所构成的曲线就是这一时刻产流对应的系统响应曲线，该曲线包围的面积相当于一个单位的产流量。图 8.4 虚线之前对应的产流系统响应曲线为 0，因为产流不影响其之前的出流过程。当系统为线性系统时，产流系统响应曲线相当于单位线。产流系统响应曲线客观存在，具有物理基础，反映流域系统特性，是产流与出口流量之间的桥梁，它不依赖于水文模型，但目前仍需通过模型获取。下面介绍 DSRC 方法的计算过程。

DSRC 方法将系统响应理论应用于新安江模型产流阶段，对产流误差进行实时修正，把新安江模型产流以下的部分作为系统，产流系列作为系统输入，出口流量作为系统输出，新安江模型系统结构如图 8.5 所示。

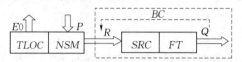

图 8.5　新安江模型产流修正系统示意图

图 8.5 中 $E0$ 表示实际蒸散发，P 表示降雨，R 表示产流量，Q 表示出口流量，$TLOC$ 表示三层蒸发，NSM 表示蓄满产流，SRC 表示分水源，FT 表示汇流，BC 表示反演计算，虚线框中的部分表示系统。

只考虑产流对出口流量的影响，那么图 8.5 所示系统可以表示为式 (8.10)：

$$Q(t) = Q(R, \theta, t) \tag{8.10}$$

式中：$\boldsymbol{R} = [r_1, r_2, \cdots, r_n]^{\mathrm{T}}$ 为产流系列；$Q(R, \theta, t)$ 为实测流量系列 $\boldsymbol{Q}_0$。

式 (8.10) 的微分表达式为

$$\mathrm{d}Q(R, \theta, t) = \left. \frac{\partial Q}{\partial R} \right|_{R = R_C} \mathrm{d}R \tag{8.11}$$

式中：$\boldsymbol{R}_C = [r_{C1}, r_{C2}, r_{C3}, \cdots, r_{Cn}]^{\mathrm{T}}$ 为计算得到的产流量初始系列值。

$$\mathrm{d}Q = \left. \frac{\partial Q(R, \theta, t)}{\partial r_1} \right|_{R = R_C} \Delta r_1 + \left. \frac{\partial Q(R, \theta, t)}{\partial r_2} \right|_{R = R_C} \Delta r_2 + \cdots + \left. \frac{\partial Q(R, \theta, t)}{\partial r_n} \right|_{R = R_C} \Delta r_n \tag{8.12}$$

式中：$\Delta \boldsymbol{R} = [\Delta r_1, \Delta r_2, \Delta r_3, \cdots]^{\mathrm{T}}$ 为待估计的产流修正值系列。

将式 (8.12) 展开，假设样本系列长度为 L，$\boldsymbol{Q(t)} = [Q_1, Q_2, Q_3, \cdots, Q_L]^{\mathrm{T}}$，$\boldsymbol{Q}_C(t) = [Q_{C1}, Q_{C2}, Q_{C3}, \cdots, Q_{CL}]^{\mathrm{T}}$ 为计算流量初始系列，得

$$
\begin{cases}
Q(R, \theta, 1) \approx Q(R_C, \theta, 1) + \left. \dfrac{\partial Q(R_C, \theta, 1)}{\partial r_1} \right|_{R = R_C} \Delta r_1 + \left. \dfrac{\partial Q(R_C, \theta, 1)}{\partial r_2} \right|_{R = R_C} \Delta r_2 + \cdots \\
\qquad + \left. \dfrac{\partial Q(R_C, \theta, 1)}{\partial r_n} \right|_{R = R_C} \Delta r_n \\
Q(R, \theta, 2) \approx Q(R_C, \theta, 2) + \left. \dfrac{\partial Q(R_C, \theta, 2)}{\partial r_1} \right|_{R = R_C} \Delta r_1 + \left. \dfrac{\partial Q(R_C, \theta, 2)}{\partial r_2} \right|_{R = R_C} \Delta r_2 + \cdots \\
\qquad + \left. \dfrac{\partial Q(R_C, \theta, 2)}{\partial r_n} \right|_{R = R_C} \Delta r_n \\
\qquad\qquad\qquad\qquad \vdots \\
Q(R, \theta, L) \approx Q(R_C, \theta, L) + \left. \dfrac{\partial Q(R_C, \theta, L)}{\partial r_1} \right|_{R = R_C} \Delta r_1 + \left. \dfrac{\partial Q(R_C, \theta, L)}{\partial r_2} \right|_{R = R_C} \Delta r_2 + \cdots \\
\qquad + \left. \dfrac{\partial Q(R_C, \theta, L)}{\partial r_n} \right|_{R = R_C} \Delta r_n
\end{cases}
\tag{8.13}
$$

将式（8.13）写成矩阵形式，建立产流与流量之间的关系，可用式（8.14）表示：

$$Q(\boldsymbol{R},\boldsymbol{\theta},t) = Q(\boldsymbol{R}_C,\boldsymbol{\theta},t) + \boldsymbol{U}\Delta\boldsymbol{R} + \boldsymbol{E} \tag{8.14}$$

$$U = \begin{bmatrix} \dfrac{\partial \boldsymbol{Q}(\boldsymbol{R}_C,\boldsymbol{\theta},1)}{\partial r_1} & \dfrac{\partial \boldsymbol{Q}(\boldsymbol{R}_C,\boldsymbol{\theta},1)}{\partial r_2} & \cdots & \dfrac{\partial \boldsymbol{Q}(\boldsymbol{R}_C,\boldsymbol{\theta},1)}{\partial r_n} \\[2ex] \dfrac{\partial \boldsymbol{Q}(\boldsymbol{R}_C,\boldsymbol{\theta},2)}{\partial r_1} & \dfrac{\partial \boldsymbol{Q}(\boldsymbol{R}_C,\boldsymbol{\theta},2)}{\partial r_2} & \cdots & \dfrac{\partial \boldsymbol{Q}(\boldsymbol{R}_C,\boldsymbol{\theta},2)}{\partial r_n} \\[2ex] \vdots & \vdots & \vdots & \vdots \\[2ex] \dfrac{\partial \boldsymbol{Q}(\boldsymbol{R}_C,\boldsymbol{\theta},L)}{\partial r_1} & \dfrac{\partial \boldsymbol{Q}(\boldsymbol{R}_C,\boldsymbol{\theta},L)}{\partial r_2} & \cdots & \dfrac{\partial \boldsymbol{Q}(\boldsymbol{R}_C,\boldsymbol{\theta},L)}{\partial r_n} \end{bmatrix} \tag{8.15}$$

式（8.14）和式（8.15）中：$\boldsymbol{E} = [e_1,e_2,\cdots,e_L]^{\mathrm{T}}$ 为流量观测随机误差项；$\boldsymbol{U}$ 为动态系统响应矩阵，其第 i 列表示第 i 个时段的产流对应的系统响应曲线，因此动态系统响应矩阵表示各时段产流量与出口流量之间的关系。

系统比较复杂，式（8.15）矩阵中的每一项一般可以用式（8.16）差分近似求解：

$$\frac{\partial Q(R_C,\theta,t)}{\partial r_i} = \frac{Q[(r_{C1},\cdots,r_{Ci}+\Delta r_i,\cdots),\theta,t] - Q[(r_{C1},\cdots,r_{Ci},\cdots),\theta,t]}{\Delta r_i} \tag{8.16}$$

DSRC 方法根据无约束最小二乘原理，所求 ΔR 满足式（8.17）：

$$\min_{\Delta R} \boldsymbol{E}^T\boldsymbol{E} = \min_{\Delta R} \left[\boldsymbol{Q}(\boldsymbol{R},\boldsymbol{\theta},t) - \boldsymbol{Q}(\boldsymbol{R}_C,\boldsymbol{\theta},t) - \boldsymbol{U}\Delta\boldsymbol{R}\right]^{\mathrm{T}} \left[\boldsymbol{Q}(\boldsymbol{R},\boldsymbol{\theta},t) - \boldsymbol{Q}(\boldsymbol{R}_C,\boldsymbol{\theta},t) - \boldsymbol{U}\Delta\boldsymbol{R}\right]$$

$$\tag{8.17}$$

于是有

$$\Delta\boldsymbol{R} = (\boldsymbol{U}^{\mathrm{T}}\boldsymbol{U})^{-1}\boldsymbol{U}^{\mathrm{T}}[\boldsymbol{Q}(\boldsymbol{R},\boldsymbol{\theta},t) - \boldsymbol{Q}(\boldsymbol{R}_C,\boldsymbol{\theta},t)] \tag{8.18}$$

产流修正值系列 ΔR 与计算得到的产流量初始系列 R_C 相加，得到修正后的计算产流系列 R'，见式（8.19）：

$$\boldsymbol{R}'_C = \boldsymbol{R}_C + \Delta\boldsymbol{R} \tag{8.19}$$

将 R' 代入系统的修正后的计算流量系列 Q'，有

$$\boldsymbol{Q}' = \boldsymbol{Q}(\boldsymbol{R}'_C,\boldsymbol{\theta},t) \tag{8.20}$$

8.3.2.2 DSRC 方法讨论

流域出口的实测流量包含信息最全面，计算过程中各阶段的误差最终都将反映在流量上，因此，提取这些误差并追溯其产生源头是误差修正的关键所在。DSRC 方法假设误差来源于产流以上部分，以产流系统响应曲线作为误差追溯其源头的桥梁，从而将误差合理分配到各时段产流并进行修正。产流计算是洪水预报的重要环节也是中间环节，模型中输入数据、初始状态变量等往往存在误差，这些误差大都影响到产流，并且造成计算产流的误差，因此对产流进行修正，既可以改善由于模型本身所造成的误差，也可以改善输入数据、初始状态变量的影响。DSRC 方法具有物理基础强、结构简单、不损失预见期、不必做任何假设等优点，其显著特点是所用反馈机制具有较强的针对性，能够逐时段对产流进行修正。

如前所述，DSRC 方法是应用中的反问题，这类问题往往是不适定的[36]。所谓适定性是指解的存在性，解的唯一性和解的稳定性。应用检验表明 DSRC 方法往往存在不稳定问题，这在一定程度上影响了修正效果。所谓稳定性是指解对观测值的连续依赖性，下面通

过简单例子解释该性质。

线性方程组：

$$\begin{pmatrix} 1 & 1 \\ 1 & 1.0001 \end{pmatrix} \begin{bmatrix} x_1 \\ x_2 \end{bmatrix} = \begin{pmatrix} 2 \\ 2 \end{pmatrix}$$

记为 $\boldsymbol{Ax} = \boldsymbol{y}$，其中 $\boldsymbol{A} = \begin{pmatrix} 1 & 1 \\ 1 & 1.0001 \end{pmatrix}$ 为系数矩阵，$\boldsymbol{x} = (x_1 \quad x_2)^{\mathrm{T}}$ 为解向量，$\boldsymbol{y} = (2 \quad 2)^{\mathrm{T}}$ 为观测向量，其精确解 $\boldsymbol{x} = (2 \quad 0)^{\mathrm{T}}$。

现在考虑观测向量的微小误差对解向量的影响，考察线性方程组：

$$\begin{pmatrix} 1 & 1 \\ 1 & 1.0001 \end{pmatrix} \begin{bmatrix} x_1 \\ x_2 \end{bmatrix} = \begin{pmatrix} 2 \\ 2.0001 \end{pmatrix}$$

解得 $\boldsymbol{x} = (1 \quad 1)^{\mathrm{T}}$。

以上例子看出，观测向量出现微小变化时，解向量却变化很大，这就是解不稳定的现象，其中方程组的系数矩阵 $\boldsymbol{A}$ 称为病态矩阵，病态矩阵的条件数往往很大（$\boldsymbol{A}$ 的条件数为40002）。反演问题中往往存在病态矩阵，并且观测向量的误差难以避免，因此即使模型合理有效，也很难解得满意的解向量。

DSRC 方法同样存在相应稳定性问题，解向量对应于产流修正系列，观测向量对应于流量误差系列，实测流量存在误差是难以避免的，因此流量误差系列并非真值，存在一定的波动，于是产流误差系列往往得不到满意的结果，其不稳定表现为产流修正系列时程上的"振荡"现象。DSRC 方法对产流修正系列的稳定性要求较高，因为误差修正是外延过程，产流修正系列不稳定会严重影响修正效果。鉴此，提出了产流动态系统响应正则化修正方法，将不稳定的反演问题转换成邻近的稳定的反演问题，降低了产流修正系列对流量误差系列的敏感程度，提高了产流修正系列的稳定性，从而优化了误差修正效果。

8.3.3　DSRR 方法介绍

近些年来，正则化方法已有较多的研究成果[36,37]。所谓正则化方法，是指用一些与原问题相邻近的适定问题的解去逼近原问题的解，因此如何建立"邻近"的问题是正则化方法的核心。Tikhcmov 正则化方法是较成熟的一种正则化方法，其主要思想是通过增加一个罚函数项构建适定的邻近问题。DSRC 方法在有些情况下存在稳定性问题，此时流量观测误差对产流修正系列影响较严重，因此将 Tikhcmov 正则化方法应用于 DSRC 方法中，提出了产流动态系统响应正则化修正方法。根据 8.3.2 节，只考虑产流对出口流量的影响，那么图 8.5 所示系统可以表示为式（8.21）：

$$Q(t) = Q(R, \theta, t) \tag{8.21}$$

式中：$\boldsymbol{R} = [r_1, r_2, \cdots, r_n]^{\mathrm{T}}$ 为产流系列；$Q(R, \theta, t)$ 为实测流量系列 $\boldsymbol{Q}_0$。

根据动态系统响应理论，建立产流与流量之间的关系，可用式（8.22）表示：

$$Q(\boldsymbol{R}, \boldsymbol{\theta}, t) = Q(\boldsymbol{R}_C, \boldsymbol{\theta}, t) + \boldsymbol{U} \Delta \boldsymbol{R} + \boldsymbol{E} \tag{8.22}$$

式中：$\boldsymbol{R}_C = [r_{C1}, r_{C2}, \cdots, r_{Cn}]^{\mathrm{T}}$ 为计算得到的产流量初始系列，$\Delta \boldsymbol{R} = [\Delta r_1, \Delta r_2, \Delta r_3, \cdots]^{\mathrm{T}}$ 为待估计的产流修正系列；$Q(\boldsymbol{R}_C, \boldsymbol{\theta}, t)$ 为计算流量初始系列；$\boldsymbol{E} = [e_1, e_2, \cdots, e_L]^{\mathrm{T}}$ 为流量观测随机误差项；$\boldsymbol{U}$ 为动态系统响应矩阵，其表示各时段产流量与出口流量之间的关系。

DSRC 方法根据无约束最小二乘原理，所求 $\Delta \boldsymbol{R}$ 满足式（8.23）：

$$\min_{\Delta R} \boldsymbol{E}^{\mathrm{T}} \boldsymbol{E} = \min_{\Delta R} \left[\boldsymbol{Q}(\boldsymbol{R}, \boldsymbol{\theta}, t) - \boldsymbol{Q}(\boldsymbol{R}_C, \boldsymbol{\theta}, t) - \boldsymbol{U} \Delta \boldsymbol{R} \right]^{\mathrm{T}} \left[\boldsymbol{Q}(\boldsymbol{R}, \boldsymbol{\theta}, t) - \boldsymbol{Q}(\boldsymbol{R}_C, \boldsymbol{\theta}, t) - \boldsymbol{U} \Delta \boldsymbol{R} \right]$$

$$(8.23)$$

于是有：

$$\Delta \boldsymbol{R} = (\boldsymbol{U}^{\mathrm{T}} \boldsymbol{U})^{-1} \boldsymbol{U}^{\mathrm{T}} \left[\boldsymbol{Q}(\boldsymbol{R}, \boldsymbol{\theta}, t) - \boldsymbol{Q}(\boldsymbol{R}_C, \boldsymbol{\theta}, t) \right] \tag{8.24}$$

实践发现，$\boldsymbol{U}^{\mathrm{T}} \boldsymbol{U}$ 矩阵有时十分病态甚至趋于奇异，这时流量观测误差对 $\Delta \boldsymbol{R}$ 的影响很大，甚至导致估计严重失真。

鉴于此，引进了 Tikhcmov 正则化方法，提出了 DSRR 方法，在式（8.23）中加入罚函数项，如式（8.25）所示：

$$\min_{\Delta R} (\boldsymbol{E}^{\mathrm{T}} \boldsymbol{E} + \alpha \Delta \boldsymbol{R}^{\mathrm{T}} \Delta \boldsymbol{R}) \tag{8.25}$$

式中：α 为权重系数。

经推导得式（8.26）：

$$\Delta \boldsymbol{R} = (\boldsymbol{U}^{\mathrm{T}} \boldsymbol{U} + \alpha \boldsymbol{I})^{-1} \boldsymbol{U}^{\mathrm{T}} \left[\boldsymbol{Q}(\boldsymbol{R}, \boldsymbol{\theta}, t) - \boldsymbol{Q}(\boldsymbol{R}_C, \boldsymbol{\theta}, t) \right] \tag{8.26}$$

式中：$\boldsymbol{I}$ 为单位矩阵。

DSRR 方法较 DSRC 方法更稳定，表现在两个方面：①式（8.25）是约束最小二乘法的目标函数，由两部分组成，误差项和罚函数项，其中误差项表示修正后计算流量与实测流量的接近程度，其值越小表示越接近，罚函数项表示稳定程度，若要满足其值较小，那么 $\Delta \boldsymbol{R}$ 不会出现"振荡"现象；②从式（8.26）中可以看出，当 $\boldsymbol{U}^{\mathrm{T}} \boldsymbol{U}$ 病态甚至奇异时，加上 $\alpha \boldsymbol{I}$ 项可解决该问题，降低 $\Delta \boldsymbol{R}$ 对流量观测误差的敏感程度，消除估计严重失真的现象。α 作为权重系数，在式（8.25）中的作用是平衡误差项与罚函数项，在式（8.26）中的作用是保证降低 $\boldsymbol{U}^{\mathrm{T}} \boldsymbol{U}$ 病态程度，而又满足与原问题邻近。

修正后计算产流系列 $\boldsymbol{R}_C'$ 为

$$\boldsymbol{R}_C' = \boldsymbol{R}_C + \Delta \boldsymbol{R} \tag{8.27}$$

将 $\boldsymbol{R}_C'$ 代入模型重新计算出流过程：

$$\boldsymbol{Q}' = \boldsymbol{Q}(\boldsymbol{R}_C', \boldsymbol{\theta}, t) \tag{8.28}$$

式中：$\boldsymbol{Q}'$ 为修正后的计算流量系列。

8.3.4 RESM 方法介绍

RESM 方法在系统响应修正方法的基础上提出的，该方法在产流误差系统响应修正方法的基础上增添了稳定约束项，通过引入产流误差平稳矩阵，使无约束最小二乘法转变为约束最小二乘法，使时段产流修正值相互制约、相互联系，缓解或避免了大小相间的"震荡"现象，增强了修正结果的稳定性。最后应用动态系统响应理论，反演计算出较稳定的产流修正系列，对时段产流进行修正，该方法中权重系数的确定十分重要，影响着修正稳定性及修正效果。

在 DSRC 方法的基础上提出里 RESM 方法，将无约束最小二乘法替换为约束最小二乘法，在式（8.23）中加入稳定约束项，使时段产流修正值相互制约、相互联系，缓解或避免了大小相间的"震荡"现象，增强了修正结果的稳定性。方法及推导过程如下：

令 $\boldsymbol{A} = \begin{bmatrix} 1 & -1 & 0 & \cdots & 0 \\ 0 & 1 & -1 & \cdots & 0 \\ \vdots & \vdots & \vdots & \vdots & \vdots \\ 0 & 0 & \cdots & 1 & -1 \end{bmatrix} \begin{bmatrix} \dfrac{1}{r_1} & & & \\ & \dfrac{1}{r_2} & & \\ & & \ddots & \\ & & & \dfrac{1}{r_n} \end{bmatrix}$，称为产流误差平稳矩阵。

那么

$$(\boldsymbol{A}\Delta\boldsymbol{R})^{\mathrm{T}}(\boldsymbol{A}\Delta\boldsymbol{R}) = \sum_{i=1}^{n-1}\left(\frac{\Delta r_i}{r_i} - \frac{\Delta r_{i+1}}{r_{i+1}}\right)^2 \tag{8.29}$$

式中：$\dfrac{\Delta r_i}{r_i}$ 称为时段产流修正比重。

在式（8.23）中加入稳定约束项，即 $\Delta\boldsymbol{R}$ 满足：

$$\min_{\Delta\boldsymbol{R}}[\boldsymbol{E}^{\mathrm{T}}\boldsymbol{E} + \beta(\boldsymbol{A}\Delta\boldsymbol{R})^{\mathrm{T}}(\boldsymbol{A}\Delta\boldsymbol{R})] \tag{8.30}$$

式中：β 为权重系数。

式（8.30）的值由两部分组成：稳定约束项和误差平方和项。误差平方和项主要作用是判断修正后流量过程线与实测流量过程线的接近程度，其值越小表示越接近，但该项无法考虑修正后时段产流结果是否稳定；稳定约束项用于保证修正结果的稳定性，由式（8.30）容易看出，各时段产流修正比重越接近，其值越小，表示修正结果越稳定；反之，其值越大，表示越不稳定。权重系数 β 的作用是平衡稳定约束项与误差平方和项，不同洪水 β 值应不同。当 β 值为 0 时，RESM 方法转化为 DSRC 方法，也就是说 DSRC 方法是 RESM 方法的特殊情况。稳定约束项与误差平方和项相互制约、相互联系、相互作用，使 RESM 方法既能保证稳定性，又能进一步改善修正效果。

求解式（8.30）得

$$\Delta\boldsymbol{R} = (\boldsymbol{U}^{\mathrm{T}}\boldsymbol{U} + \beta\boldsymbol{A}^{\mathrm{T}}\boldsymbol{A})^{-1}\boldsymbol{U}^{\mathrm{T}}[\boldsymbol{Q}(\boldsymbol{R},\boldsymbol{\theta},t) - \boldsymbol{Q}(\boldsymbol{R}_C,\boldsymbol{\theta},t)] \tag{8.31}$$

修正后计算产流系列 $\boldsymbol{R}'_C$ 为

$$\boldsymbol{R}'_C = \boldsymbol{R}_C + \Delta\boldsymbol{R} \tag{8.32}$$

将 $\boldsymbol{R}'_C$ 代入模型重新计算出流过程：

$$\boldsymbol{Q}' = \boldsymbol{Q}(\boldsymbol{R}'_C,\boldsymbol{\theta},t) \tag{8.33}$$

式中：$\boldsymbol{Q}'$ 为修正后的计算流量系列。

第9章

系 统 其 他 功 能

系统的部分功能已在前面章节中介绍，本章介绍数据采集处理、信息查询展示、系统管理等功能。

9.1 数据采集处理

系统自动实时从水情自动测报系统，气象预报系统中采集雨量、水位、流量、实时气象数据、预报降雨量等信息，并处理成时段雨量、实时水位、实时流量等数据写入数据库中，供实时洪水预报调度使用。程序可以设置人工采集数据，选择测站、开始和结束时间，点击"人工采集"即可。系统适应 SQLServer，Oracle，MySQL 等多种数据库的数据采集，在系统中配置数据库的名称、用户名、密码、数据存放表名、字段名称即可实现数据采集计算，不需要修改系统源代码，具有较强的灵活性。数据采集处理程序界面如图 9.1 所示。

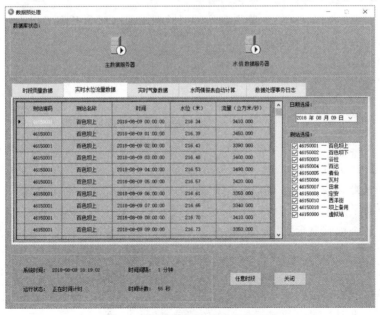

图 9.1 数据采集处理程序界面图

9.2　信息查询展示

用于展示流域的雨水情信息，包括 GIS 雨水情监视、水位流量过程线、雨量柱状图、雨洪对应图等子程序。

9.2.1　GIS 雨水情监视

GIS 雨水情监视是客户端程序的默认启动界面。该程序提供了一个遥测站流量、水位、雨量数据实时显示界面，以 GIS 展示流域内雨水情实况、报警信息等。主要功能如下：

(1) 测站地图多样化显示。

1) 在地图上显示每个测站的坐标位置，并与底图的河流水系行政区划分层显示。

2) 提供了常规地图（等值线地图）、面雨量视图（泰森多边形）、等值面地图、卫星影像图及高程图五种方式显示流域地图，这五种地图可相互切换。

3) 分子流域显示地图。通过预设的子流域及在地图上绘制子流域将地图分析目标范围缩小到该子流域。

(2) 测站列表同步显示：与地图同步显示测站列表及相应的流量、水位及雨量数据，雨量大小还采用横向棒图表示。

(3) 地图测站与测站列表记录的交互定位：点击地图上的测站可定位列表中的测站记录，点击测站列表记录可在地图上定位相应测站。

(4) 流量、水位、雨量数据的多种时段查询：提供固定时段及自定义时段查询测站的流量、水位及雨量值。

(5) 模块参数的灵活设置：

1) 可改变等值线及等值面的颜色与分类。

2) 可对各测站进行筛选，加载或删除不同数据来源（遥测及人工报汛）的各个测站。

3) 可对测站的测验项目进行灵活配置。

4) 可选择不同的生成等值面的计算方法。

(6) 雨量动态图（暴雨中心移动图）制作。

(7) 雨洪对应图制作。

GIS 雨水情监视界面如图 9.2 所示，分为地图区、表格区及工具栏区。

地图区显示地图，包括测站、水系、行政区划、等值线图、等值面图、卫星影像及高程图等。在地图区下方是坐标栏，当鼠标在地图上移动时，该栏显示鼠标在地图上的经纬度坐标及地图视野（地图水平方向实际距离）。在地图上点击测站还能查询测站的流量、水位及雨量过程及定位。

表格区分三个标签显示指定时间的流量、水位、雨量数据。雨量数据在表格的最后一列用棒图来显示。表格区下方显示了全流域及选择区域的平均面雨量。

工具栏列出了一些工具，通过这些按钮可以对地图进行放大、缩小、平移、量距等操作，可以对等值线等值面的显示颜色及分类进行设置，可以对测站的测验项目进行筛选。雨量动态图及雨洪对应图也通过工具栏上的菜单来制作。

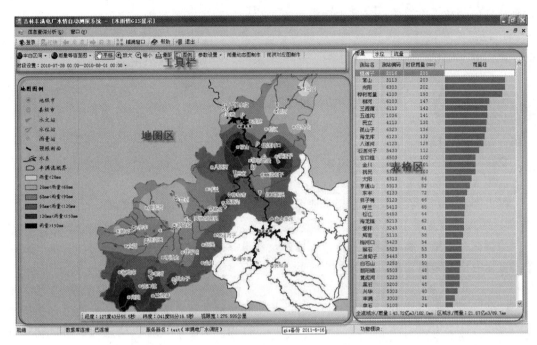

图 9.2　GIS雨水情监视界面图

9.2.1.1　地图操作

1. 五种类型地图切换

通过工具栏上的第二个按钮,点击后显示下拉菜单,如图 9.3 所示。

菜单的五个选项分别对应五种类型的地图:

(1)雨量等值线图:显示雨量等值线,不同等级的等值线用不同颜色表示。

(2)雨量泰森面图:显示雨量泰森多边形图,不同等级的雨量用不同颜色表示。

(3)卫星影像地图:将流域的卫星图片作为底图,叠加测站显示地图。

(4)高程地图:将流域的高程示意图片作为底图,叠加测站显示地图。

图 9.3　地图切换选择界面图

(5)雨量等值面图:显示雨量等值面,不同等级的等值面用不同颜色表示。

2. 地图显示区域切换

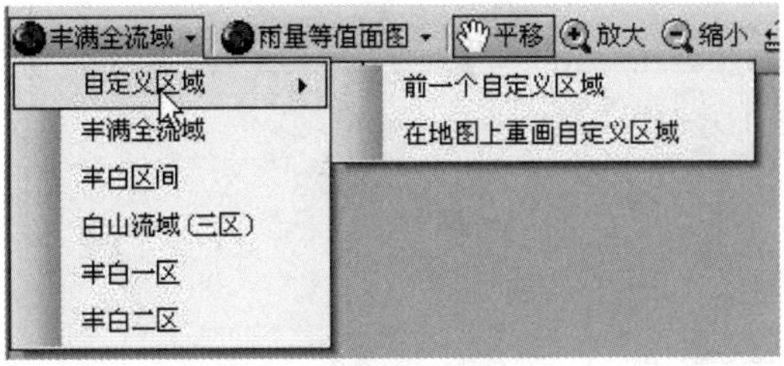

通过工具栏上的第一个按钮,点击后显示下拉菜单,如图 9.4 所示。

点击下拉菜单,地图的显示范围将缩放到菜单所指的区域。点击自定义区域中的重画自定义选项,则可以在地图上绘制一个区域,地图范围缩放到该区域范围。并且此区域可以保存起来,下一回点击自

图 9.4　地图显示区域切换界面图

定义区域中的前一个自定义区域选项就可以再次缩放到该区域范围。

3. 地图基础操作

地图的基础操作通过工具栏上的一排按钮实现，如图 9.5 所示。

从左到右分别执行地图的平行移动、放大、缩小、图层控制、量距及显隐图例操作。前三种操作方法是点击按钮，然后在地图上单击鼠标左键或按住鼠标左键后拖拽。

图 9.5　地图工具栏界面图

量距操作是在起点点击鼠标左键，最后在终点双击鼠标左键，弹出对话框显示起点到终点的距离，单位为 km。

点击图例按钮会在地图左方显示地图的图例，再点击一下将图例隐藏。

4. 测站点图查询

当鼠标在地图上移动到水文站、水位站及雨量站图标时，相应图标将变大变红。此时单击鼠标右键将弹出菜单，如图 9.6 所示。

图 9.6　测站点图查询界面图

菜单项根据测站的测验项目有所不同，水文站有水位过程，流量过程及降水过程。水位站只有水位过程，雨量站只有降水过程。

点击流量过程菜单项弹出窗口，如图 9.7 所示。在该窗口可以设定起止时间，查看该段时间内的流量过程。

点击水位过程菜单项弹出窗口，如图 9.8 所示。在该窗口可以设定起止时间，查看这段时间内的水位过程。

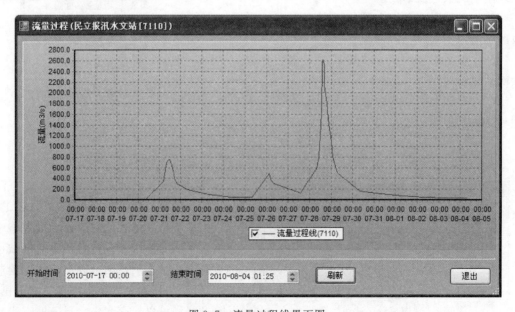

图 9.7　流量过程线界面图

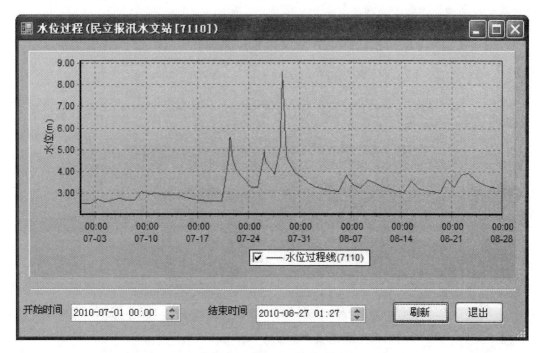

图 9.8　水位过程线界面图

点击降水过程菜单项弹出窗口，如图 9.9 所示，在该窗口可以设定起止时间、雨量时段，查看这段时间内的雨量过程。

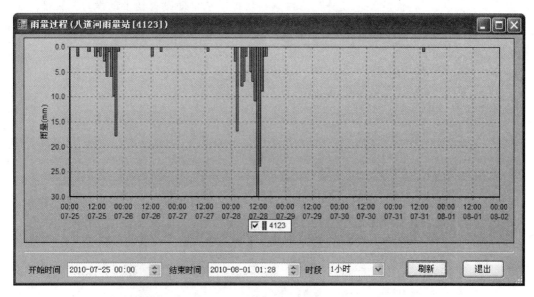

图 9.9　雨量过程线界面图

5. 测站交互定位

在地图上选中测站后单击鼠标右键将弹出菜单。点击定位菜单将在右方表格中高亮显示选中的测站记录。同样在表格上选中测站记录后单击鼠标右键将弹出菜单。点击定位菜单后将平移地图使得选中的测站显示在地图正中，如图 9.10 所示。

雨量	水位	流量		
测站名	测站编码	末流量 (m3/s)		实测时间
丰满报汛	7101			
蛟河报汛	7102			
桦树报汛	7103			
红石报汛	7104			
五道沟报汛	7105	水位过程		
辉发城报汛		流量过程		
东丰报汛		降水过程		
柳河报汛		定位		
样子哨报汛				
民立报汛				
横道子报汛	7111			

图 9.10　交互定位设置界面图

图 9.11　参数设置
选择界面图

9.2.1.2　参数设置

在工具栏上点击参数设置按钮，弹出下拉菜单，包括界面设置、测站筛选及模型设置项，如图 9.11 所示。

1. 界面设置

点击界面设置菜单，弹出设置窗口，如图 9.12 所示。

通过该窗口可以设置等雨量面（泰森多边形面）、等值线及等值面的颜色及分类等级。模块提供了自动设置及手动设置两种情况。

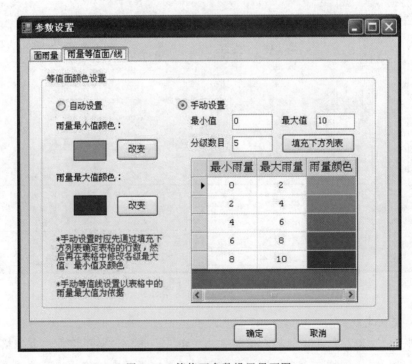

图 9.12　等值面参数设置界面图

当选择手动设置时输入雨量最小与最大值及分类数目,点击填充列表,模块将最大值与最小值按分类数目平均划分等级,其颜色是从雨量最小值颜色到雨量最大值颜色的渐变。并将分类等级、颜色设置列在左下方的表格中。对列表的每一行的最小雨量、最大雨量及雨量颜色都可以再次设置。

当选择自动设置时输入雨量最小值与最大值的颜色,运算等值线、等值面、等雨量面时自动将以表9.1的规则分级赋色。

表 9.1 分 级 赋 色 表

DP=最大雨量−最小雨量（mm）	等值面 \ 等雨量面分类（mm）
DP<10	≤2、2~4、4~6、6~8、>8
10≤DP<20	≤4、4~8、8~12、12~16、>16
20≤DP<50	≤10、10~20、20~30、30~40、>40
50≤DP<100	≤20、20~40、40~60、60~80、>80
100≤DP<200	≤40、40~80、80~120、120~160、>160
200≤DP<500	≤100、100~200、200~300、300~400、>400
500≤DP<1000	≤200、200~400、400~600、600~800、>800
DP≥1000	≤300、300~600、600~900、900~1200、>1200

等值线颜色按等值面区间的最大雨量值为赋色标准。

2. 测站筛选

点击参数设置界面下的测站筛选,弹出界面窗口如图9.13所示。

图 9.13 站点筛选设置界面图

　　通过该窗口可以设置地图上水文站、水位站及雨量站的测验项目，水位站及雨量站只要测验项目无效，站的符号就不会在地图上显示。水文站只有当流量、水位、雨量全无效时站的符号才会在地图上消失。各测站的测验项目也可以随意配置，通过设置测站的测验项目编号可以做到两个站共用同一个测站的雨量值。表格底下的两个按钮可以快速全选遥测站及报汛站。

　　3. 模型设置

　　点击参数设置界面下的模型设置，弹出界面窗口，如图 9.14 所示。通过该窗口可以设置绘制等值线及等值面采用的模型。本系统提供了两种绘制方法：一种是不规则多边形（TIN）法；另一种是反距离加权法。点击界面上相应的方法，该方法的参数就会列在下方，可以通过改变这些参数调整模型，使绘制出来的等值线及等值面满足需求。

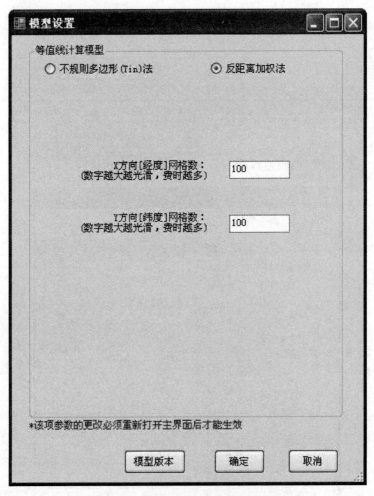

图 9.14　等值面计算模型设置界面图

9.2.1.3　查询时段设置

　　雨水情分析的一个重要功能是提供时段雨水情数据查询分析。在工具栏上一个时段设置，提供了多种时段设置选项，如图 9.15 所示。

前四项是固定时段，时段以当前小时为终点向前推指定小时，以 16：23 为例，各时段的设置规则见表 9.2。

点击自定义选项，弹出时段自定义设置窗口，如图 9.16 所示。

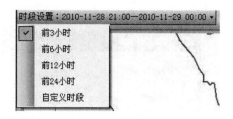

图 9.15　时段设置界面图

表 9.2　　　　　　　　时 段 设 置 规 则 表

选　项	时段时间	选　项	时段时间
前 3 小时	13：00 至 16：00	前 12 小时	6：00 至 16：00
前 6 小时	10：00 至 16：00	前 24 小时	前一天 16：00 至 16：00

图 9.16　自定义时间设置界面图

通过该窗口输入起止时间按"确定"按钮。

设置好时段后，雨水情分析的时间区间就是该时段。包括地图上雨量等值线、雨量等值面的数值及表格中雨量、水位流量值及表格下方的面平均雨量数据都是该时段的累计值。其中的水位及流量数值是时段终止时间的瞬时值。

9.2.1.4　雨量动态图制作

通过点击工具栏上的雨量动态图按钮进入雨量动态图制作窗口。雨量动态图制作是制作流域某一区域某一时间段内的暴雨中心移动动画，是一个分步骤的向导式窗体。共分四步。

第一步是时间及模型设置，如图 9.17 所示。时间设置主要设置开始时间、结束时间、时段长及目标区域。模型设置主要设置用于绘制等值面的方法及选用的测站范围。

点击下一步进入第二步。第二步在窗体中显示了用于绘制等值面图的测站数据。所有测验数据都可以在表格中手工进行更改，如图 9.18 所示。

点击下一步进入第三步。第三步在窗体中显示了上一步测站数据的基本统计信息、最后成图的图层设置及等值面的颜色分类，如图 9.19 所示。

点击下一步进入第四步。第四步是最后一步，窗体内容如图 9.20 所示。窗体中的地图区显示雨量动态图的地图，可通过右上角工具条进行平移、放大及缩小。地图上的标题及图例也可以通过右边的按钮进行平移及改变文字内容及大小。

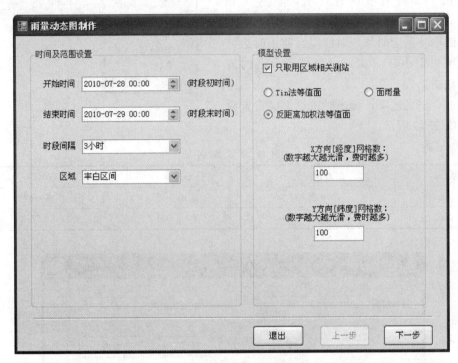

图 9.17　雨量动态图制作设置界面图（一）

	站名	编码	201007280300	201007280600	201007280900	201007281200	201007281500	201007
1 ▶	退团	3133	0	0	7	0	0	
2	丰满	3003	7	2	8	7	1	
3	爱林	3243	32	5	13	0	10	
4	常山	3113	38	76	42	33	5	
5	松江	5453	25	6	22	5	5	
6	白石山	3253	10	0	23	0	5	
7	横道子	2016	47	98	63	16	10	
8	二道甸子	5443	53	0	0	0	0	
9	八道河	4123	20	15	7	48	35	
10	呼兰	5413	8	1	0	0	47	
11	黑石	5203	3	1	0	8	20	1
12	盘石	5103	4	1	0	1	12	
13	黄泥河	5223	1	0	1	0	16	2
14	兴华	5303	2	1	1	1	12	
15	朝阳镇	5503	2	5	0	0	12	1
16	海龙镇	5213	1	2	0	1	11	2
17	东丰	8133	8	5	0	0	4	1
18		5523	4	0	0	0	8	1

图 9.18　雨量动态图制作设置界面图（二）

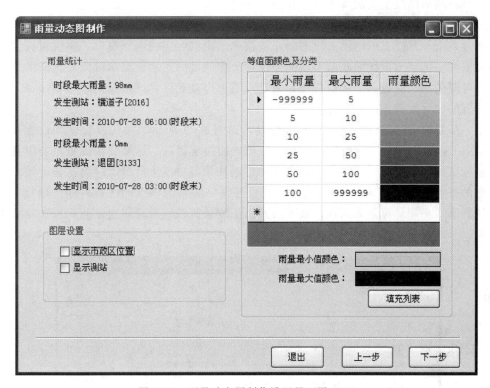

图 9.19　雨量动态图制作设置界面图（三）

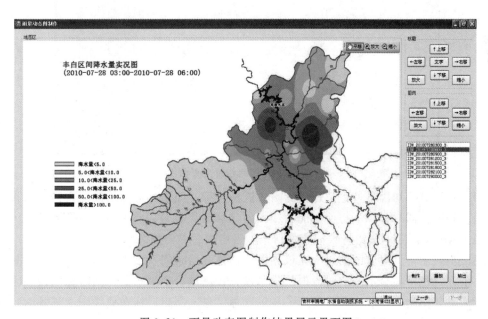

图 9.20　雨量动态图制作结果展示界面图

　　在窗体右下方点击制作按钮，程序按时段生成一定数量的图层，并在列表中一一列出。在生成的同时一并播放。也可等全部生成结束后点击播放按钮进行播放。如果点击保存按钮可将所有图层生成图片，保存在指定的件夹下。

9.2.1.5　雨洪对应图制作

通过点击工具栏上的雨洪对应图制作按钮弹出雨洪对应图制作窗口。雨洪对应图是制作地图上某一区域（该区域是前面地图操作章节中的可用的地图显示区域之一）的总雨量过程与对应的出口流量的关系曲线图，通过该图可以直观计算该区域的水量利用率，是一个分步骤的向导式窗体。共分三步。

第一步是时间区域设置及计算方法设置，如图9.21所示。时间设置主要设置开始时间、结束时间、时段长、目标区域及目标区域的出口流量站。计算方法设置主要设置用于计算目标区域面平均雨量的方法。算术平均方法如果缓冲为0，面雨量值就是区域内的所有雨量的算术平均值。如果缓冲大于0，则只要某一测站的该缓冲区与目标区域相交，那么也进行算术平均计算。如果选泰森多边形面积权法就采用泰森多边形面积权法计算面平均雨量。

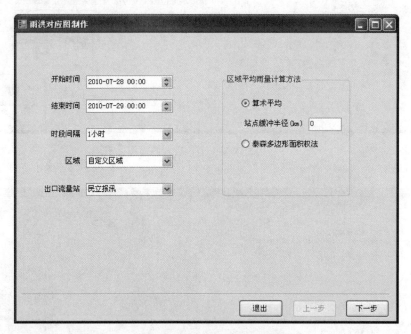

图9.21　雨洪对应图制作设置界面图（一）

第二步计算平均雨量过程及相应的出口流量过程。如果觉得计算数据有错可直接在表格上手工修改。同时如果不想使用前面步骤的计算结果也可以将其他结果保存在xls文件中，通过xls文件导入按钮将数据导入到相应表格中。界面如图9.22所示。

第三步显示雨洪对应图结果。在该界面上输入开始时间及结束时间，点击雨水量统计按钮，下方红色字体显示这一时段内的降水量、径流量、径流系数。同时在曲线图上用另一种背影色显示这一时段。如果勾选了显示鼠标信息。那当鼠标在曲线图上移动时，显示鼠标所处时间的雨水情信息。界面如图9.23所示。

9.2.2　水位流量过程线

水位流量过程线可以查看一段时间内测站的水位流量过程值，并进行特征值统计。同

图 9.22 雨洪对应图制作设置界面图（二）

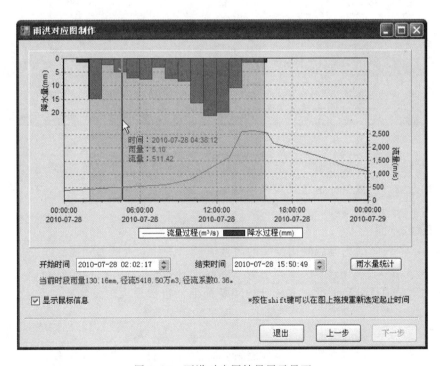

图 9.23 雨洪对应图结果展示界面

147

时还具有与历史同期值进行对比分析的功能。水位流量过程线界面如图 9.24～图 9.26 所示，在程序界面中选择水位测站，选择起止时间，单击"刷新"按钮，则以图形、表格方式显示测站在时段内的水位流量变化情况，统计的特征值包括最大值、最大值出现时间、平均值、最小值、最小值出现时间、水量等。

（1）图形显示，如图 9.24 所示。

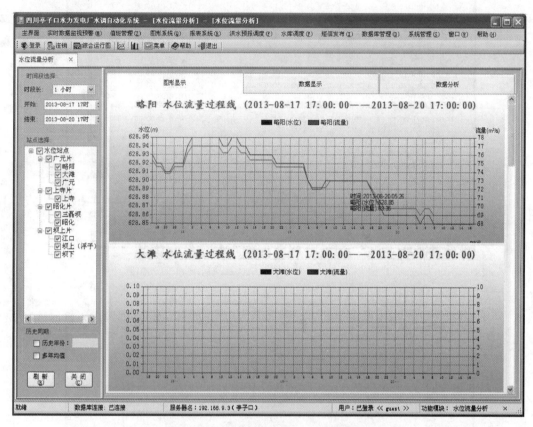

图 9.24 水位流量过程线——图形显示

（2）数据显示。以表格形式展示相应时间对应的水位、流量数据，如图 9.25 所示。

（3）数据分析。数据分析包括最高水位、发生最高水位时间、平均水位、最低水位、发生最低水位时间等，如图 9.26 所示。

9.2.3 雨量柱状图

查询展示一段时间内流域降雨测站的雨量值，以图形、表格形式展示，并进行统计分析等。选择开始、结束时间和雨量测站后，单击"刷新"按钮，则以柱状图、表格形式显示这时段内测站雨量分布情况，并统计雨量特征值，包括最大雨量、发生最大雨量时间、平均雨量、最小雨量、发生最小雨量时间、面平均雨量等。

（1）图形显示，如图 9.27 所示。

（2）数据显示。以表格形式展示各测站各时段的雨量值，如图 9.28 所示。

（3）数据分析。数据分析包括最大雨量、发生最大雨量时间，平均雨量、最小雨量、发生最小雨量时间等，如图 9.29 所示。

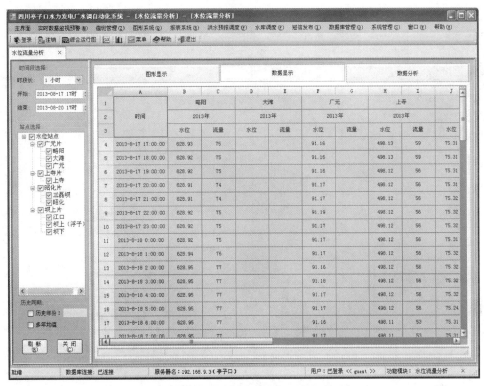

图 9.25 水位流量过程线——数据显示

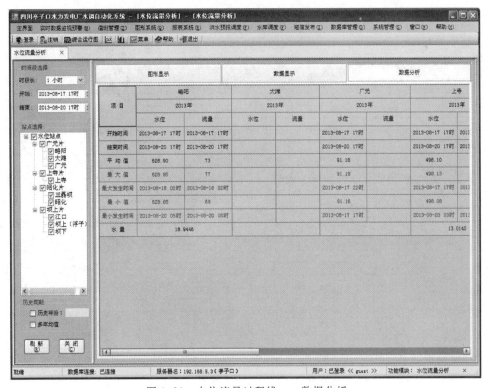

图 9.26 水位流量过程线——数据分析

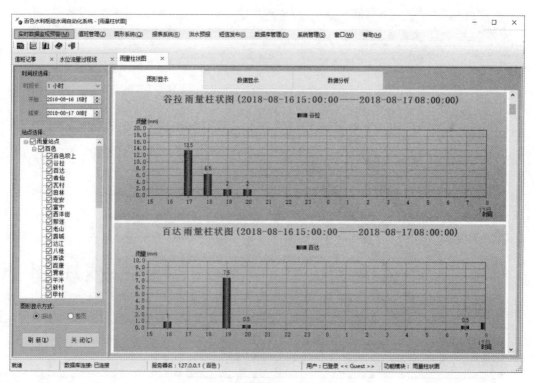

图 9.27　雨量柱状图——图形显示

时间	退团	爱林	白石山	桦树雨量	民立	八道河	桦树水位	松江	二道甸子	平均雨量
2011-06-11 07:00:00	0.0	0.0	0.0	0.0	0.0	0.0	0.0	0.0	0.0	
2011-06-11 08:00:00	0.0	1.0	0.0	0.0	0.0	0.0	0.0	0.0	0.0	0.1
2011-06-11 09:00:00	0.0	0.0	0.0	0.0	0.0	0.0	0.0	0.0	0.0	
2011-06-11 10:00:00	0.0	0.0	0.0	0.0	0.0	0.0	0.0	0.0	0.0	
2011-06-11 11:00:00	0.0	0.0	0.0	0.0	0.0	0.0	0.0	0.0	0.0	
2011-06-11 12:00:00	0.0	0.0	0.0	0.0	0.0	0.0	0.0	0.0	0.0	
2011-06-11 13:00:00	0.0	0.0	0.0	0.0	0.0	0.0	0.0	0.0	0.0	
2011-06-11 14:00:00	0.0	0.0	0.0	0.0	0.0	0.0	0.0	0.0	4.0	0.3
2011-06-11 15:00:00	0.0	0.0	0.0	0.0	0.0	0.0	0.0	0.0	0.0	
2011-06-11 16:00:00	0.0	0.0	0.0	0.0	0.0	0.0	0.0	0.0	0.0	
2011-06-11 17:00:00	0.0	0.0	0.0	0.0	0.0	0.0	3.0	0.0	0.0	0.2
2011-06-11 18:00:00	0.0	0.0	0.0	0.0	0.0	0.0	3.0	0.0	0.0	0.6
2011-06-11 19:00:00	0.0	0.0	0.0	5.0	0.0	2.0	4.0	0.0	0.0	0.8
2011-06-11 20:00:00	0.0	1.0	0.0	5.0	1.0	0.0	1.0	0.0	1.0	0.5
2011-06-11 21:00:00	0.0	0.0	0.0	0.0	0.0	0.0	0.0	0.0	0.0	0.5
2011-06-11 22:00:00	0.0	0.0	0.0	0.0	0.0	0.0	0.0	0.0	0.0	0.1
2011-06-11 23:00:00	0.0	0.0	0.0	0.0	0.0	0.0	0.0	0.0	0.0	
2011-06-12 00:00:00	0.0	0.0	0.0	0.0	0.0	0.0	0.0	0.0	0.0	
2011-06-12 01:00:00	0.0	0.0	0.0	0.0	0.0	0.0	0.0	0.0	0.0	
2011-06-12 02:00:00	0.0	0.0	0.0	0.0	0.0	0.0	0.0	0.0	0.0	0.2
2011-06-12 03:00:00	0.0	0.0	0.0	0.0	0.0	0.0	0.0	0.0	0.0	
2011-06-12 04:00:00	0.0	0.0	0.0	0.0	0.0	0.0	0.0	0.0	0.0	
2011-06-12 05:00:00	0.0	0.0	0.0	0.0	0.0	0.0	0.0	0.0	0.0	
2011-06-12 06:00:00	0.0	0.0	0.0	0.0	0.0	0.0	0.0	0.0	0.0	

图 9.28　雨量柱状图——数据显示

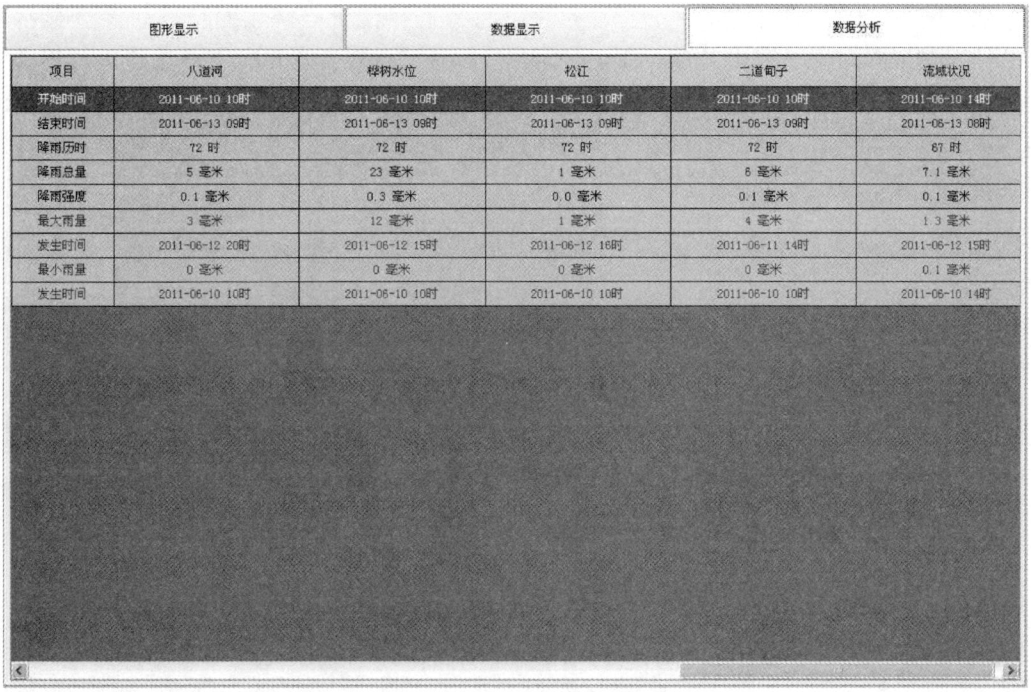

项目	八道河	桦树水位	松江	二道甸子	流域状况
开始时间	2011-06-10 10时	2011-06-10 10时	2011-06-10 10时	2011-06-10 10时	2011-06-10 14时
结束时间	2011-06-13 09时	2011-06-13 09时	2011-06-13 09时	2011-06-13 09时	2011-06-13 08时
降雨历时	72 时	72 时	72 时	72 时	67 时
降雨总量	5 毫米	23 毫米	1 毫米	6 毫米	7.1 毫米
降雨强度	0.1 毫米	0.3 毫米	0.0 毫米	0.1 毫米	0.1 毫米
最大雨量	3 毫米	12 毫米	1 毫米	4 毫米	1.3 毫米
发生时间	2011-06-12.20时	2011-06-12 15时	2011-06-12 16时	2011-06-11 14时	2011-06-12 15时
最小雨量	0 毫米	0 毫米	0 毫米	0 毫米	0.1 毫米
发生时间	2011-06-10 10时	2011-06-10 10时	2011-06-10 10时	2011-06-10 10时	2011-06-10 14时

图 9.29 雨量柱状图——数据分析

9.2.4 雨洪对应图

雨洪对应分析可以显示在一段时间内某测站的雨量与水位或流量的对照情况，并且在雨量与流量对应图中，可对洪水进行分析。

（1）雨洪对应图。雨洪对应图可以显示一段时间内某一测站雨量、流量变化过程，并可加以分析统计。雨洪对应图可以选择时间段、水文站点、雨量站点、平均时段、瞬间值、洪水分析等，界面如图 9.30 所示。

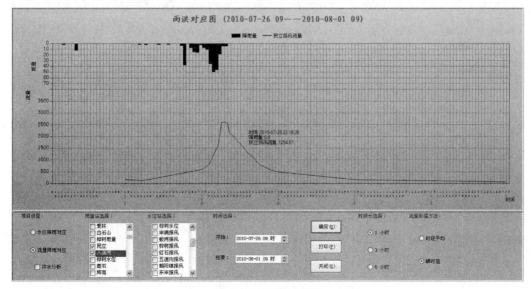

图 9.30 雨洪对应图

（2）洪水分析。选择"洪水分析"选项（只有选择流量与降雨对应图时才会显示），输入洪水的起始时间、起时基流、截止时间和迄时基流，或者用鼠标在图中流量过程线上拖动（会出现一个橙色框）选择；输入雨量的开始时间与截止时间，或者用鼠标在图中雨量柱状图上拖动（会出现一个绿色框）选择，选择完毕后，单击"确定"按钮，则统计这段时间内洪量、径流系数、径流深等各项指标，界面如图9.31所示。

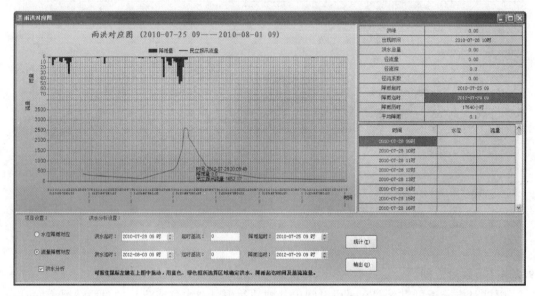

图9.31　洪水分析界面图

（3）水位雨量。水位雨量可以显示一段时间内某一测站雨量、水位变化过程。水位雨量可以选择时间段、水文站点、雨量站点。设置完成后，单击"确定"按钮进行查询，界面如图9.32所示。

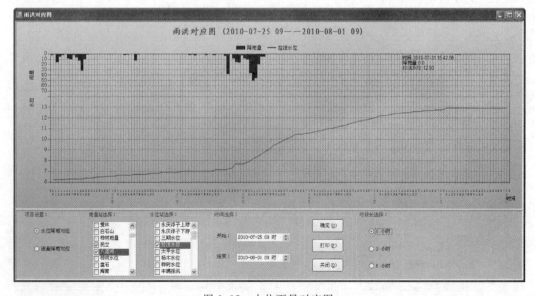

图9.32　水位雨量对应图

9.3 系统管理

系统管理包括数据库管理、用户管理、系统菜单定制、系统参数设置等。

9.3.1 数据库管理

系统的数据库采用 Oracle、SqlServer、MySQL 等数据库软件，均有独立的操作界面，用户使用时需要熟悉其界面集操作，很不方便，因此开发了界面友好的数据库管理子系统，包含了用户对数据库的日常操作内容。用户可通过此系统对后台数据库进行操作。主要功能包括数据录入、数据导入、数据导出、数据删除、数据库日志管理、数据库备份、数据库恢复。

（1）数据录入。数据录入可以增加、修改或删除数据库中数据表数据，界面如图 9.33 所示。界面左方是数据库表的名称列表，包括以下几方面的内容：

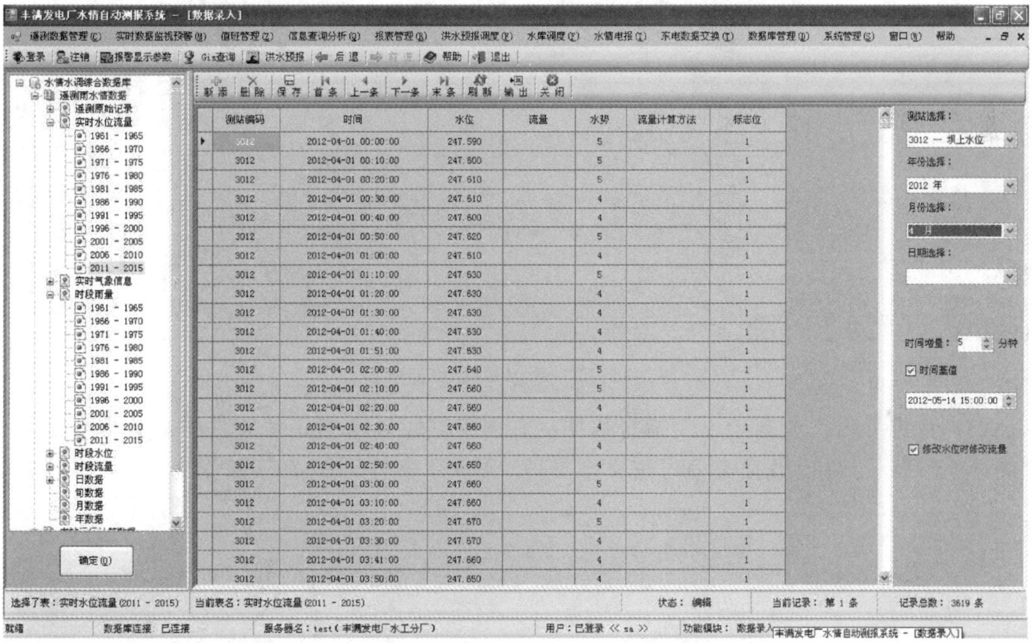

图 9.33 数据录入界面图

1）遥测雨水情数据。包括遥测原始数据、实时水位流量、实时气象信息、时段雨量、时段水位、时段流量、日数据、旬数据、月数据、年数据等。

2）电站运行计算数据。包括机组工况、机组出力、机组电量、机组倍率、闸门数据、计算指标编号表、实时数据、时段数据、日数据、旬数据、月数据、年数据等。

3）静态关系曲线。包括水位库容关系曲线、水位流量关系曲线、水头出力发电流量曲线、闸门泄流曲线、水轮机限制曲线、水库耗水率曲线、水库蒸发曲线、水库结冰损失曲线等。

4）基本信息数据。包括水电站基本信息、测站基本信息、水电站控制水位站信息、水电站控制雨量站信息、流域测站分片管理、分片管理测站信息、中英文字段对照信息等。

5）洪水预报调度。包括汛限水位表、防护指标表、洪峰频率曲线表、降雨量预报表、洪水预报特征值表、洪水预报流量过程表、洪水预报水位过程表、河道水情预报表、水库水情预报表、洪水精度评定表、洪水调度特征表、洪水调度过程表、定时洪水预报特征值表、定时洪水预报流量过程表、定时洪水预报水位过程表、定时洪水调度特征表、定时洪水调度过程表等。

（2）数据导入。数据导入是将数据从文本文件、Excel 文件、Access 数据库等文件中导入到系统的数据库中，界面如图 9.34 所示。导入时间设置可选覆盖相同数据、不覆盖相同数据。导入数据类型可选文本文件、Excel 文件、Access 数据库。

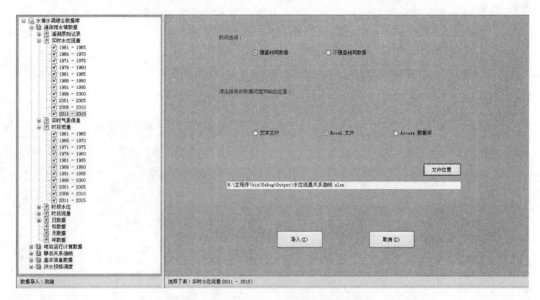

图 9.34　数据导入界面图

（3）数据导出。数据导出是指将数据从系统数据库导出到其他文件中，数据导出界面如图 9.35 所示。导出数据类型可选文本文件、Excel 文件、Access 数据库。

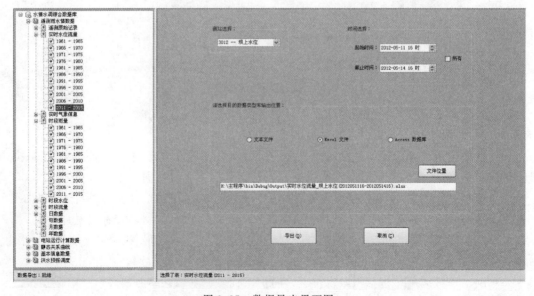

图 9.35　数据导出界面图

（4）数据删除。数据删除是从数据库中批量删除数据，界面如图 9.36 所示。操作步骤如下：

1）选择相应的数据表。

2）选择时间。

3）选择条件（也可以不选择）。

4）点击"删除"按钮。

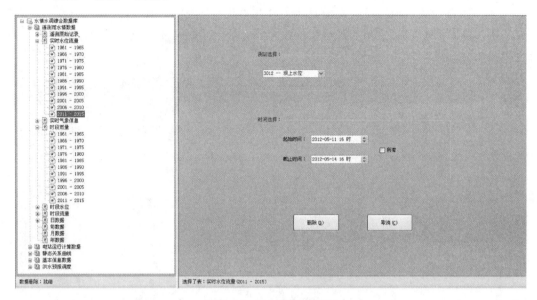

图 9.36　数据删除界面图

（5）数据库日志管理。数据库日志是所有用户对系统进行操作保存下的记录文件，管理数据库日志可提高使用效率和避免错误，界面如图 9.37 所示。具体操作内容有：

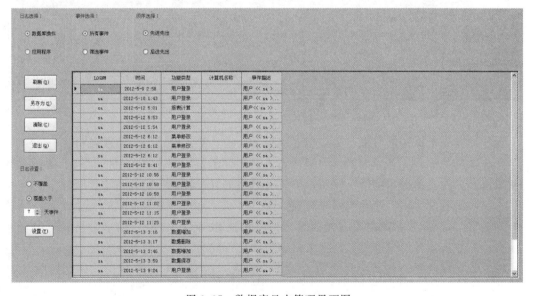

图 9.37　数据库日志管理界面图

1）日志选择（数据库操作、应用程序）。

2）事件选择（所有事件、筛选事件）。

3）时间选择、条件选择、操作类别、顺序选择、日志设置等。

单击"刷新"按钮，在右方列出满足条件的所有数据库操作记录。

单击"另存为"按钮，将列出的表格输出成 LOG 文本文件。

单击"清除"按钮，删除显示的日志。

在左下方的设置区域内设置好参数后，单击"设置"按钮，保存参数。

（6）数据库备份。主要功能是将数据库中部分及全部数据导出成单个数据库文件，界面如图 9.38 所示。

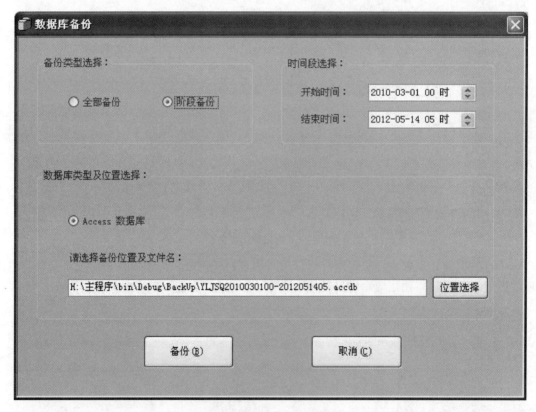

图 9.38　数据库备份界面图

操作时首先选择备份类型，类型包含两种：一是全部备份；二是阶段备份。

选择全部备份后，选择数据库类型（当前只允许备份成 Access 文件），输入备份文件的位置以及名称，单击"备份"按钮，则将数据库中所有数据备份到该文件中。

选择阶段备份后，再选择开始时间及结束时间（开始时间会自动默认到上次备份的截止时间），然后选择数据库类型（当前只允许备份成 Access 文件），输入备份文件的位置以及名称，单击"备份"按钮，则将数据库中满足条件的数据备份到该文件中。

（7）数据库恢复。主要功能是用以前备份的数据库文件来恢复数据，界面如图 9.39 所示。

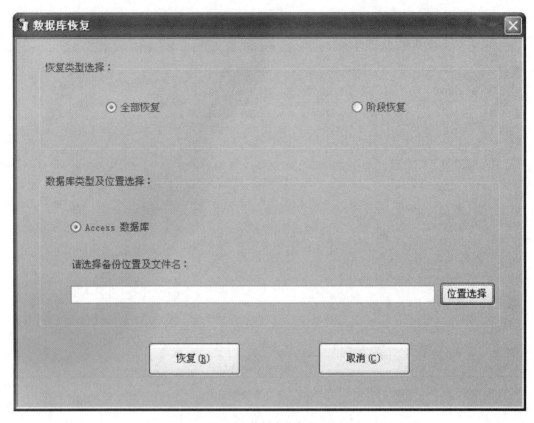

图 9.39 数据库恢复界面图

操作时，先选择恢复类型，有全部恢复及阶段恢复两种。全部恢复，将原先全部备份的 Access 数据库数据恢复到数据库中。阶段恢复，将阶段备份的数据库数据以覆盖的方式复制到数据库中，并不会破坏原有数据库中已有的数据。

然后选择数据库类型（当前只允许备份成 Access 文件）。

接着输入备份文件的位置以及名称，单击"恢复"按钮，则将备份文件中的数据恢复到数据库中。

9.3.2 用户管理

管理使用该系统的用户，可向系统增加、删除用户，并且对已存在用户进行修改，界面如图 9.40 所示。

用户按级别分可分为以下 2 种：

1）普通用户：只能浏览数据，不能对数据进行写操作。

2）系统管理员：拥有所有权限，管理其他用户和对数据库操作。

按对数据库操作的权限分可分为以下 11 种：

1）数据浏览：只能查看数据。

2）数据增加：可以向数据库中增加数据。

3）数据更新：可修改数据库中的数据。

4）数据删除：可删除数据库中的数据。

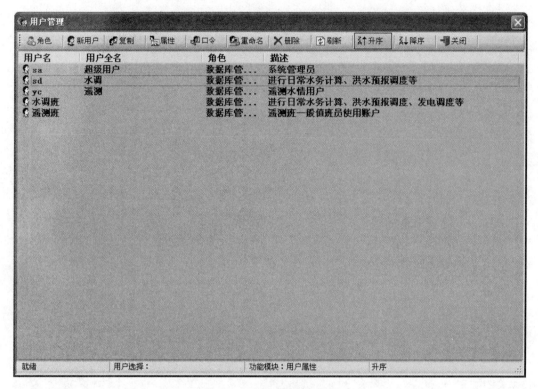

图 9.40　用户管理界面图

5）用户管理：为数据库增加或删除用户，管理用户权限。

6）数据导入、导出：可批量导出、导入数据。

7）数据删除：可批量删除数据。

8）数据库备份、恢复：可以备份、恢复数据库。

9）入库还原计算：可以进行入库还原计算。

10）水文预报：可以进行水文预报计算。

11）水库调度：可以进行水库调度计算。

（1）角色管理。点击"角色"按钮，弹出"用户角色管理"窗体，界面如图 9.41所示。

在该界面下方表格显示了用户角色列表，点击某一行角色，上方显示该角色信息，包括编码、名称、描述及权限。具体有三种操作：

1）角色增加：点击"增加"按钮，然后在空白的角色信息中输入要增加的角色信息。再点击"增加"按钮。

2）角色修改：选中一行角色后，修改其角色信息，再点击"保存"按钮。

3）角色删除：选中一行角色后，点击"删除"按钮。

（2）增加用户。在用户管理界面上点击"用户"按钮，弹出"增加用户"窗体，界面如图 9.42 所示。

操作方法是先在该界面上输入用户名、密码等用户信息，再选择用户级别及角色，最后选择好权限后点击"新增"按钮。

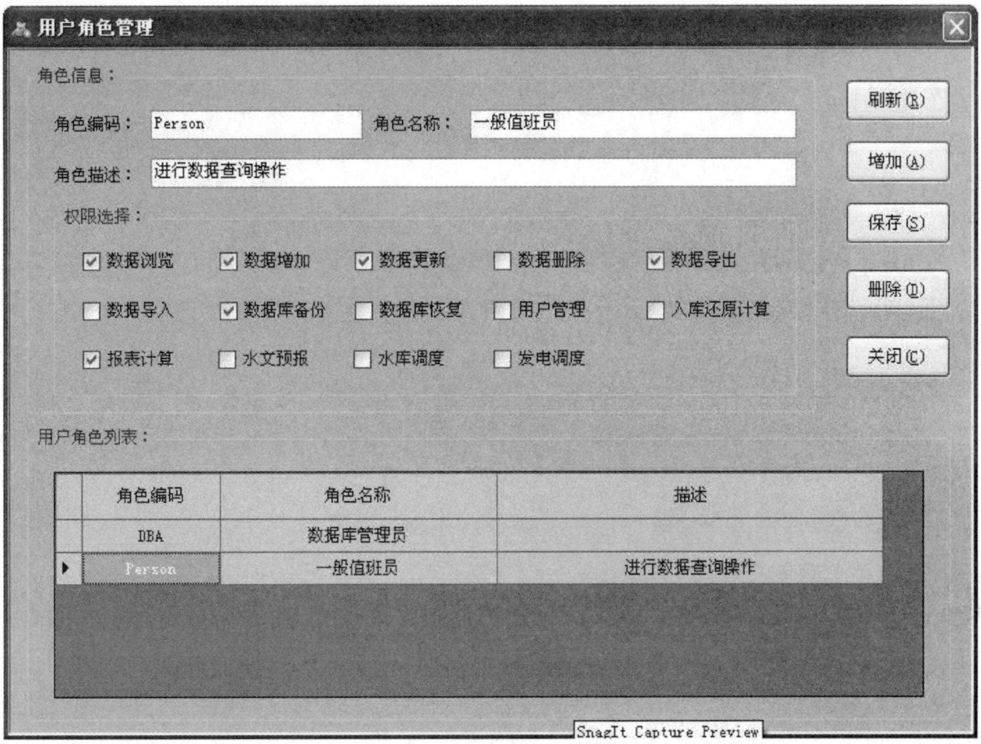

图 9.41　角色管理界面图

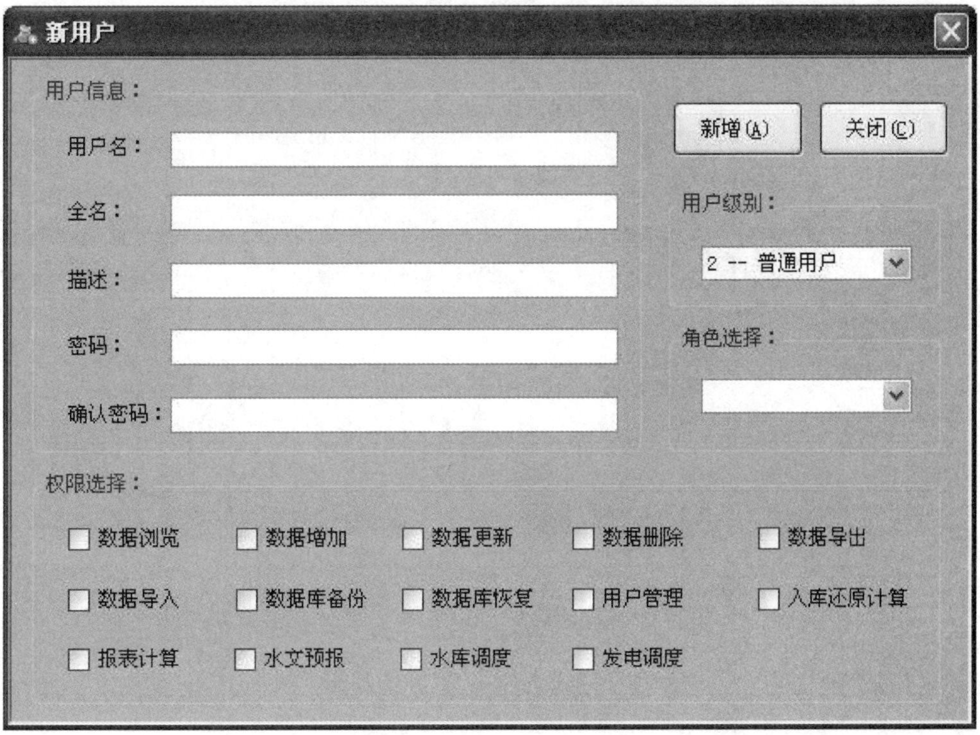

图 9.42　增加用户界面图

（3）修改用户。在用户管理界面上选中一个已有的用户，点击"属性"按钮，弹出该用户的信息界面。修改部分或全部信息后，点击"保存"按钮。

（4）复制用户。在用户管理界面上选中一个已有的用户，点击"复制"按钮，弹出该用户的信息界面。增加用户名及全名后点击"保存"按钮。

图 9.43　修改用户名称界面图

（5）重命名用户。由于用修改用户操作不能改变用户名。要修改用户名必须通过该操作才能完成。在用户管理界面上选中一个已有的用户，点击"重命名"按钮，弹出如下的"修改用户名称"窗体。输入一个新名字后点击"确定"按钮完成修改。修改用户名称界面如图 9.43 所示。

（6）删除用户。在用户管理界面上选中一个已有的用户，点击"删除"按钮，删除该用户。

9.3.3　系统菜单定制

对于不同的用户，所需要看到的菜单是不同的，例如值班员只需要看到数据查询界面、预报调度界面，而管理员则需要看到系统的所有界面。系统菜单定制可以根据用户权限的不同而设置其所看到的菜单。主要功能是增删菜单，改变菜单的名称、图标、次序及调用方法，设定每个菜单的用户权限等。由系统管理员对其余用户的系统菜单进行定制。系统菜单定制界面如图 9.44 所示。

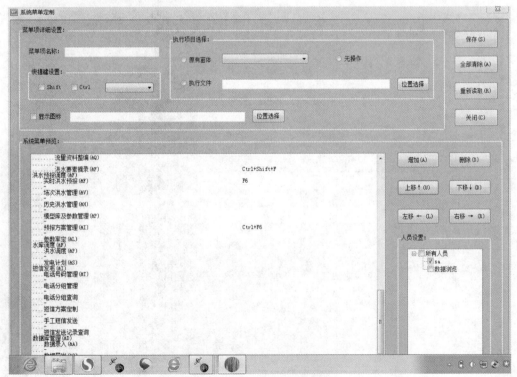

图 9.44　系统菜单定制界面图

9.3.4 系统参数设置

系统参数设置包括数据存储管理、流域测站管理、自动计算设置、进程管理、其他参数设置等五项。

（1）数据存储管理。数据存储管理包括数据分段存储年份、数据库自动转存参数、历史记录保存年限等设置。

1）数据分段存储年份。主要是设置各数据库子系统的分段存储年份。包括遥测原始记录数据存储年份设置、水情数据存储年份设置、洪水预报调度数据存储年份设置、水库运行数据存储年份设置等，界面如图 9.45 所示。操作时输入各参数后单击"设置"按钮。

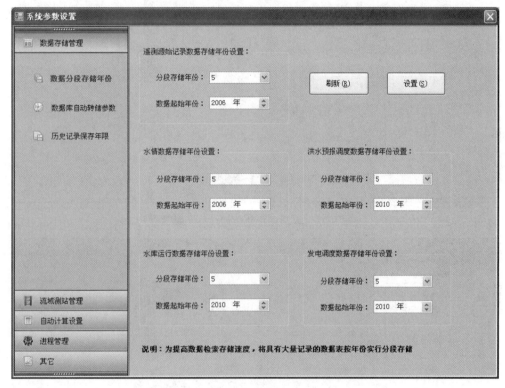

图 9.45　数据分段存储年份设置界面图

2）数据库自动转储参数。主要设置数据库备份形式。包括是否自动备份数据库、备份频率、备份发生时间、时间条件约束等，界面如图 9.46 所示。操作时输入各参数后单击"设置"按钮。

3）历史记录保存年限。设置保存历史数据库的年限长。包括水雨情自动计算、水库运行自动计算、报警信息、进程监视、数据交换等，界面如图 9.47 所示。操作时输入各参数后单击"设置"按钮。

（2）流域测站管理。流域测站管理包括流域测站分片管理、电站所属测站管理、遥测站编码管理。

1）流域测站分片管理。流域测站分片管理设置界面如图 9.48 所示。包括单个片区管理（流域编码、片区编码、片区名称）、测站选择、片区所属测站、划分片区信息（片编

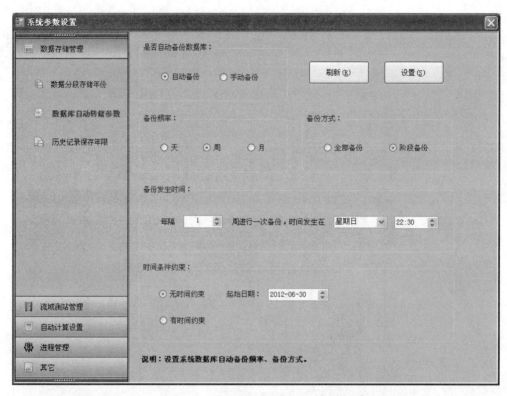

图 9.46　数据库自动转储设置界面图

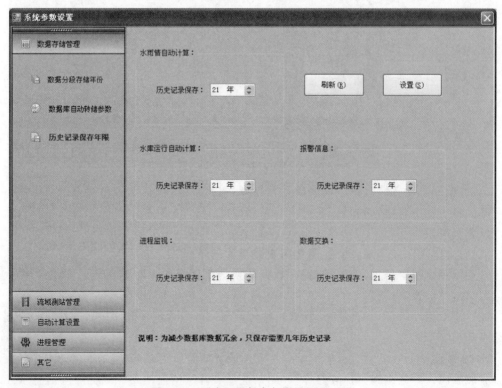

图 9.47　历史记录保存年限设置界面图

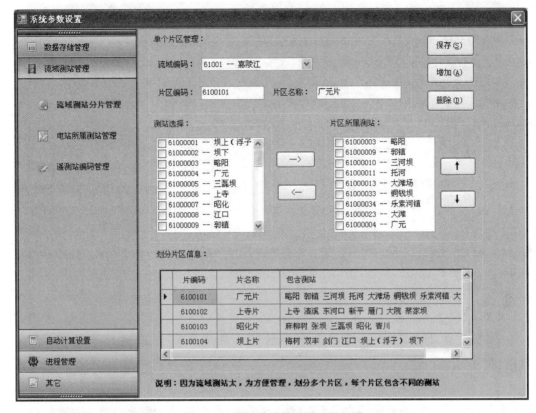

图 9.48 测站分片管理设置界面图

码、片名称、包含测站）等。主要用于洪水预报新安江模型的分块分单元。"保存""增
加""删除"按钮分别执行三种操作。操作方法同前面的用户管理。

2）电站所属测站管理。电站所属测站管理界面如图 9.49 所示。包括电站选择、水位
测站选择、雨量测站选择、电站包含测站信息（电站名称、水位或水文测站、雨量测站）
等。单击"设置"按钮保存修改，单击"删除"按钮删除选定的电站测站管理记录。操作
方法同前面的用户管理。

3）遥测站编码管理。遥测站编码管理界面如图 9.50 所示，主要用于批量更改遥测站编
码。操作时可以单个更改，也可以多个统一更改。更改后点击"统一更改"按钮，进行保存。

（3）自动计算设置。自动计算设置主要是水雨情报表自动计算参数设置，包括自动计
算的时间、频率、指标等。操作方法都是选择或输入参数后点击"设置"按钮。自动计算
设置界面如图 9.51 所示。

（4）进程管理。进程管理主要是局域网内节点管理，包括节点名称、在局域网内的 IP
地址等。进程管理设置界面如图 9.52 所示。包括局域网内节点管理、系统进程参数设置
及节点进程管理。操作方法是选择或输入参数后点击"保存"按钮。

（5）其他参数设置。其他参数设置包括电站汛限水位、正常蓄水位、防洪高水位、死
水位等特征水位设置。操作方法是选择或输入参数后点击"保存"按钮或"设置"按钮。
系统其他参数设置界面如图 9.53 所示。

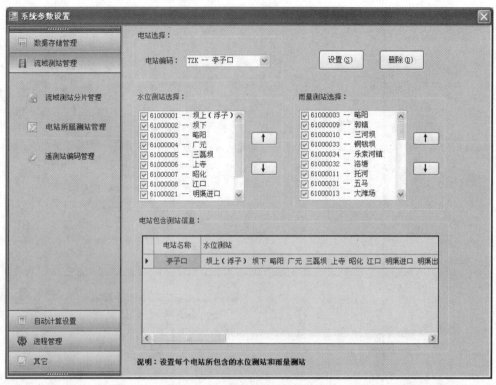

图 9.49　电站所属测站管理界面图

图 9.50　遥测站编码管理界面图

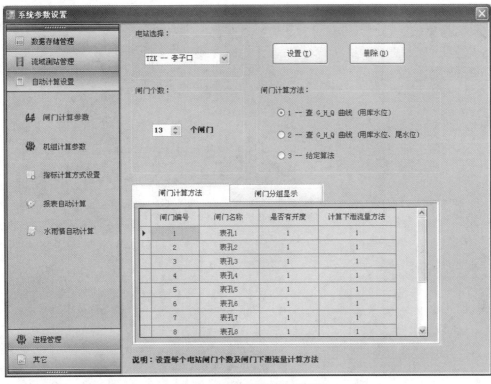

图 9.51　自动计算设置界面图

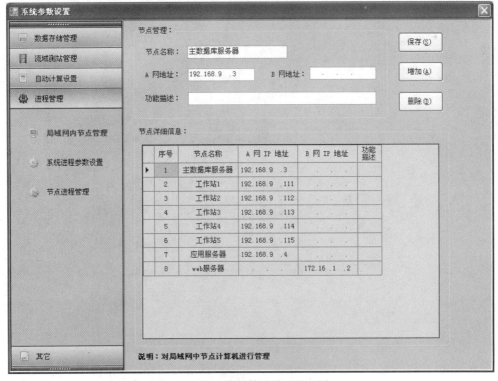

图 9.52　进程管理设置界面图

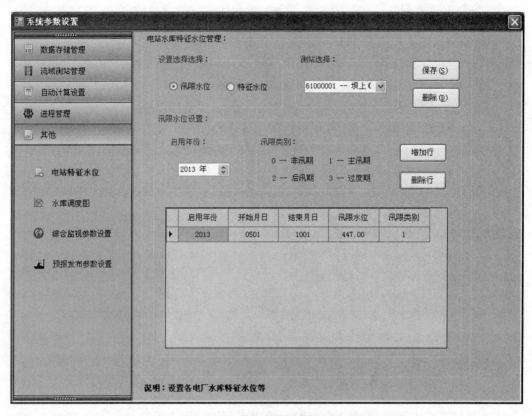

图 9.53　其他参数设置界面图

第 10 章

系 统 应 用

　　本书介绍的梯级水电站洪水预报调度系统目前已应用于我国雅砻江流域、清江流域及丰满、云峰、柘林、万安、上犹江、洪门、廖坊、黄龙滩、安康、蜀河、万家寨、百色、岩滩、大化、百龙滩、碧口、亭子口等 50 余座水电站和浙江省水文局、松辽委水文局等流域机构，取得了良好的经济效益和社会效益。鉴于篇幅所限，本书以清江流域为例，介绍预报方案的编制情况以及系统运行情况。

　　清江发源于湖北省利川市，于宜都城关西北注入长江，流域面积约为 1.7 万 km²，干流开发有水布垭、隔河岩、高坝洲水电站，由湖北清江水电开发有限公司管理。清江支流甚多，流域面积在 500km² 以上的有 7 条，分别是忠建河、马水河、野三河、龙王河、招徕河、渔洋河和丹水。各支流上均建设有调节性能的水库，对干流水电站的洪水预报影响较大。

　　清江流域梯级水电站洪水预报调度系统于 2012 年建成，系统划分为 8 个预报分块，预报模型采用新安江模型，汇流计算采用马斯京根法及无因次单位线，实时校正采用自回归模型。系统水情数据来源于水情自动测报系统以及人工报汛系统，构建了计算时段长为 1h、3h、6h、日模型预报方案，采用 2006—2012 年的水文资料对模型参数进行了率定。由于清江上游支流水电站归其他公司运营管理，因此清江水电开发有限公司难以完全掌握上游水电站的出库信息，在处理上游水库的调蓄影响问题时，系统设计了按照规程调度及人工给定出流两种方式对其进行干预，较好地解决了此问题。

　　系统建成以来运行稳定可靠，预报精度高，为清江流域干流水电站的防洪安全起到了决策支持作用，得到了用户好评。

10.1 概述

10.1.1 流域概况

10.1.1.1 自然地理

　　清江发源于湖北省利川市东北的齐岳山与佛宝山麓闵风垭，自西向东流经利川、恩施、建始、咸丰、宣恩、巴东、鹤峰、五峰、长阳、宜都等 10 县（市），于宜昌下游约 39km 的宜都城关西北注入长江，流域位于东经 108°35′～111°30′，北纬 29°33′～30°50′之间，流域面积约为 17000km²，全长 423km，总落差 1430m。

清江流域横贯湖北省西南部，自西向东呈羽毛状水系，形状为南北窄而东西长的窄长形，地势由深山峡谷逐渐开阔，并自西向东倾斜。南与澧水流域相接，以武陵山北支岭为分水岭，海拔 1000～1500m；北与长江三峡地区相邻，分水岭海拔 1000～1900m；西与乌江流域接界，以齐岳山山岭为分水岭，海拔 1500～2000m；西南咸丰地区，因受断裂陷落影响，海拔较低，为 500～1000m，构成鄂黔之间的天然通道；东部河口及靠近长江一带地势低平，一般海拔在 200m 以下。

清江流域按自然地理区划，位于云贵高原的东北端，巫山山脉的南部，总的地势是西高东低，西部山岭高程 1000～2000m，东部由 1000m 降至河口的数十米。流域内除利川、恩施、建始县（市）境内有 3 个小构造盆地，面积分别为 250 km²、250 km²、170km²，以及河口附近有局部的剥蚀丘陵和冲积平原外，其余均系山地，山地面积占全流域面积的 80％以上。流域内植被较好。

清江河谷，长阳以上为高峡深谷，以下地势逐渐开阔，河道覆盖层浅薄，河床比较稳定。干流河道对称顺直，河流曲折系数为 1.47。两岸支流分布均匀，流域不对称系数为 1.07。按河谷地形与水流特性，干流河道大致分为上、中、下三段，河源至恩施称上游，长 153km，落差 1070m，占干流总落差的 75％，河床比降 7.0‰，集水面积 3700km²，是主要支流的汇集河段。恩施至资丘为中游，长 160km，落差 280m，集水面积 9800km²。资丘至河口为下游，长 110km，落差 80m，比降 0.73‰，集水面积 3500km²。

清江支流甚多，共有 25 条，沿两岸分布较均匀，因而与干流构成形如羽状的水系。大多数支流流程较短，流域面积在 500km² 以上的有 7 条，分别是忠建河、马水河、野三河、龙王河、招徕河、渔洋河和丹水。

10.1.1.2 气候特性

清江流域暖湿多雨，属副热带季风气候区，降雨一般自 4 月开始，9 月结束，多年平均降水量 1400mm，从实测和调查的资料来看，以五峰 1935 年的雨量 2577.9mm 为历年最大值。流域内降雨量年内分配不均，主要集中在 6—9 月，其中 7 月降水量一般大于 200mm，为全年各月最大值。7 月下旬和 8 月初，受热带风暴北进等气候的影响，常有大暴雨和暴雨发生；8 月底和 9 月初，由于地形雨，也常产生大雨或暴雨，降水量一般次于夏季降雨，在地区分布上，上游常大于下游。清江流域冬季雨量较少，以 1 月降水量最少，一般仅 20～30mm。

由于地理位置和山地地形关系，清江暴雨轴向多为东西向或西南东北向，其次为南北向及西北东南向，并多由西向东移动。清江有两个暴雨中心：一个在五峰县境内，一个在恩施市附近。五峰县境内平均海拔在 1000m 以上，地势西高东低，虽为比较深入的山区，但主峰附近有向偏东开口的喇叭地形，有利于东南暖湿气流的输送和幅合抬升，为产生暴雨提供了有利的地形条件；恩施市附近西、北、东三面地势较高，南面较低，有利于西南气流的输入。

清江流域水汽主要来自孟加拉湾、南海和东海。由于水汽供给充沛，又因大气环流形势及特有地形影响，故清江流域降水较多，为长江流域的多雨地区之一。

10.1.2 水电站概况

10.1.2.1 干流水电站

清江干流以恩施为界，干流恩施以上为上游，采用 9 级开发方案，即三渡峡、腾龙洞、雪照河、大河片、姚家坪、天楼地枕、龙王塘、大龙潭和红庙，总装机容量280.2MW，年均发电量 10.2 亿 kW·h。其中三渡峡、雪照河、大河片、龙王塘、天楼地枕、大龙潭、红庙已先后建成。恩施以下为清江中下游，分三级开发，从上到下依次为水布垭水电站、隔河岩水电站、高坝洲水电站。

(1) 水布垭水电站。水布垭水电站位于清江中游、湖北省巴东县水布垭镇，坝址距上游恩施市 117km，距下游隔河岩水电站 92km。水布垭水电站为清江中下游干流综合开发的龙头梯级，控制流域面积 10860km²，开发的主要任务是发电、防洪、航运并兼顾其他。水库正常蓄水位 400m，相应库容 43.12 亿 m³，其中调节库容 23.83 亿 m³，库容系数 25.2%，具有多年调节能力；同时还为长江防洪预留了 5 亿 m³ 库容。水电站装机容量 1840MW，设计多年平均发电量 39.84 亿 kW·h，并可增加下游隔河岩、高坝洲两水电站年发电量 2.37 亿 kW·h，是湖北电网、华中电网重要的调峰调频电源。

(2) 隔河岩水电站。隔河岩水电站是清江干流开发的第一期工程，它以发电为主，兼顾防洪、航运等效益。水电站 1993 年 6 月第一台机组投入运行，1996 年承担了华中电网近 1/6 的调峰任务，1998 年除航运建筑物外，其余工程全部通过国家验收。隔河岩水电站控制流域面积 14430km²，水库正常蓄水位 200m，相应库容 30.18 亿 m³，其中调节库容 19.75 亿 m³，同时还为长江荆江河段预留 5 亿 m³ 防洪库容。水电站装机容量 1200MW，保证出力 180MW，设计多年平均发电量为 30.4 亿 kW·h，供电华中电网，目前是湖北省网及华中电网的主要调峰、调频电源。

(3) 高坝洲水电站。高坝洲水电站上距隔河岩水电站约 50km，下游距宜都市市区约 12km，控制流域面积 15650km²。高坝洲工程 1993 年开始前期准备工作，1996 年 10 月实现一期工程截流，1998 年 9 月一期工程具备挡水条件，当年 10 月底实现二期工程截流。工程 1999 年通过初期蓄水验收。高坝洲水电站是清江流域开发的最下游一个梯级，是隔河岩水电站的反调节水库，其开发任务是发电和航运。水库正常蓄水位 80m，相应库容 4.03 亿 m³，装机容量 270MW，设计多年平均发电量 8.98 亿 kW·h。

10.1.2.2 支流水电站

(1) 水布垭以上。水布垭以上流域主要有 4 个影响较大的水电站，分别是大龙潭水电站（位于恩施上游干流，汛期通过电话报库水位和出库流量）、洞坪水电站（位于忠建河，通过报文系统报库水位和出库流量）、老渡口水电站（位于马水河，通过报文系统报库水位和出库流量）、野三河水电站（位于野三河，已建，目前没有资料）。水布垭以上流域主要小水电站情况见表 10.1。

表 10.1　　　　　　　　水布垭以上流域主要小水电站情况一览表

水电站名称	所在河流名称	坝址以上流域面积 /km²	多年平均流量 /(m³/s)	历史最大流量 /(m³/s)
大龙潭	清江干流	2396	70.3	4110
洞坪	忠建河	1420.5	46.4	2660
老渡口	马水河	1650	51	

（2）水布垭—隔河岩区间。水布垭—隔河岩区间有 1 个影响较大的水电站，即招徕河水电站（招徕河，通过报文系统报库水位和出库流量），具体情况见表 10.2。

表 10.2　　　　　　　　　　　　水隔区间主要小水电站情况表

水电站名称	所在河流名称	坝址以上流域面积 /km²	多年平均流量 /(m³/s)	历史最大流量 /(m³/s)
招徕河	招徕河	792	16.3	2460

（3）隔河岩—高坝洲区间。无资料，暂不考虑其他水电站的影响。

10.1.3　流域测站概况

清江流域水文报汛采用人工和遥测相结合的方式进行。水文气象情报内容应包括降雨量、蒸发量、水位、流量、沙量（包括含沙量、泥沙颗粒级配）等项目，其观测和传输符合现行技术规范和质量标准执行。清江流域水情测站如图 10.1 所示。

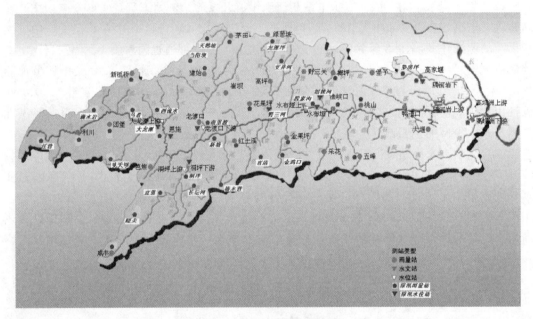

图 10.1　清江流域水情测站图

10.1.3.1　地方报汛站网

人工报汛主要依托国家水文部门的地方站网报汛，其雨量站点共有 36 个，站点分布为：水布垭以上 29 个，水布垭—隔河岩区间 4 个，隔河岩—高坝洲区间 3 个。蒸发站有 2 个。报汛水文站 9 个。人工报汛一般采用 4 段 4 次，汛期或非常情况下，重点站实行加密观测报汛。清江流域人工报汛站点分布见表 10.3。

10.1.3.2　水情自动测报系统

清江流域原有水情自动测报系统（简称旧系统）引进美国 SM 公司 0850 系统设备，该系统采用超短波通信组网方式，始建于 1991 年，于 1993 年正式投入运行，2011 年初停用。新水情自动测报系统（简称新系统）于 2009 年 6 月投运，2011 年元月完全取代旧系统。

表 10.3 清江流域人工报汛站点分布表

序号	流域名	小流域名	水文站	雨量站	蒸发站
1	水布垭以上	恩施以上流域	大龙潭（库水位，出流）	汪营	宣恩 段家沟
2				利川	
3				滴水岩	
4				新板桥	
5				团堡	
6			恩施（水位，流量）	马者	
7				见天坝	
8				天鹅池	
9				西流水	
10				恩施	
11		马水河流域	老渡口（库水位，出库流量）	茅田	
12				当阳坝	
13				建始	
14				南里渡	
15		忠建河流域	洞坪（尾水位，出库流量）	咸丰	
16				宣恩	
17				长坛（谭）河	
18				晓关	
19				洞坪	
20		马-龙流域	段家沟（水位，流量）	新塘	
21				椿木营	
22				红土溪	
23				官店	
24				金果坪	
25				金鸡口	
26				段家沟	
27		野三河流域	野三河（库水位，流量）	龙潭坪	
28				支井河	
29				花果坪	
30	水布垭—隔河岩区间	隔河岩水库南岸		五峰	
31		隔河岩水库北岸	招徕河（库水位，出库流量）	榔坪	
32				渔峡口	
33				桃山	
34	隔河岩—高坝洲区间		高家堰（库水位，出库流量）	染坊坪	
35			高坝洲（尾水位，出库流量）	高家堰	
36				高坝洲	

新系统有雨量站点 29 个。流域站点分布情况：水布垭以上 17 个，水布垭—隔河岩区间 9 个，隔河岩—高坝洲区间 3 个。新系统包括水位站 13 个。清江流域遥测站点分布见表 10.4。

表 10.4　　　　　　　　　　　　清江流域遥测站点分布表

序号	流域名	小流域名	水位站	雨　量　站
1	水布垭以上	恩施以上流域	恩施	利川
2				团堡
3				芭蕉
4				新板桥
5				恩施
6		马水河流域	老渡口上游	茅田
7				建始
8				崔坝
9		忠建河流域	洞坪上游	咸丰
10			洞坪下游	洞坪
11		马-龙流域	水坝上 1	红土溪
12			水坝上 2	金果坪
13			水布垭尾水	水布垭
14		野三河流域		绿葱坡
15				高坪
16				花果坪
17				野三关
18	水布垭—隔河岩区间	隔库南岸		采花
19				五峰
20				大堰
21		隔库北岸	隔上 1	榔坪
22			隔上 2	渔峡口
23			隔尾水	桃山
24				鸭子口
25				隔河岩
26				堡子
27	隔河岩—高坝洲区间		高上 1	染坊坪
28			高上 2	高家堰
29			高下游	

10.1.3.3　水库运行数据

清江公司有水布垭、隔河岩、高坝洲 3 座水库的时段运行数据，取对本次水文预报有用的指标，即库水位、入库流量、出库流量，见表 10.5。

表 10.5		水库运行数据指标表		
序号	电站名	库水位	入库流量	出库流量
1	水布垭	水布垭库水	水布垭入库	水布垭出库
2	隔河岩	隔河岩库水	隔河岩入库	隔河岩出库
3	高坝洲	高坝洲库水	高坝洲入库	高坝洲出库

10.2　需求分析

10.2.1　洪水预报任务要求

洪水预报系统的基本出发点是致力于提高流域洪水预报的精度，延长水情预报的预见期，提高水情预报的作业速度。水情预报系统应是一个通用的系统，它能够根据实测雨、水情进行水情预报，并能够针对假定的不同降雨、上游来水和工程运行情况等各种情况进行洪水的预测（模拟预报），根据工程调度原则进行仿真计算，并对预报结果进行综合分析。本次主要任务包括以下内容：

（1）根据清江流域当前开发现状，研制一套洪水预报模型和一套水布垭日入库流量预报模型。

（2）预报模型具备利用人工雨量和遥测雨量分别预报的功能。

（3）洪水预报模型的输出为水布垭、水布垭—隔河岩区间、隔河岩—高坝洲区间的径流过程预报。利用人工雨量制作的洪水预报的输出结果时段为 6h；利用遥测雨量制作的洪水预报输出结果时段包括 1h、3h、6h。

（4）水布垭日入库流量预报模型的输入为日雨量，输出为水布垭的日均入库流量过程。

（5）预报模型具备输入预测雨量过程的功能，可根据降水预测制作洪水预报和水布垭日均入库流量预报。

（6）模型设计要考虑人类活动的影响，尤其是水布垭上游其他水电站对产汇流的影响。

（7）模型具备输出场次洪水统计结果的功能，输出的主要内容包括洪峰流量，最大 1d、2d、3d 洪量，峰现时间。

（8）水布垭和隔河岩洪峰流量大于 $3000\text{m}^3/\text{s}$ 的洪水预报方案精度按照《水文情报预报规范》（SL 250—2000）要求评定。

10.2.2　难点分析

清江流域水文预报涉及范围广，工作量大，在实际作预报方案时，会遇到以下难点：

（1）多数据源。水文预报采用的数据源包括人工报汛系统、水情遥测系统以及水库运行数据。计算时段分别有 1h、3h、6h、24h 等，这就需要根据不同的数据源分别建立不同的预报方案。

（2）人类活动影响。由于目前清江流域内各条河流都在大力开发水电，各河流的植被、地形、河道与以前均发生很大的变化，人类活动的影响对模型参数的影响还难以评估。

（3）水库的调节作用。清江流域内中小水库较多，部分水库具有一定的调节作用，但是大多电站调节性能低。在发生小洪水时，这些水库将洪水拦截，而发生大洪水时，由于调节作用有限，又需要开闸泄洪。这就造成预报小水偏小，大水偏大的现象。解决这个问题需要各水库的实时运行数据，及时掌握上游水库实时运行数据。

10.3　预报方案

10.3.1　预报方案总体思路

本次洪水预报方案编制的思路是：依托现有历史水文、水利工程、数字地形等资料，以清江流域各水电站为重点，采用清江流域人工报汛资料和遥测系统资料的实时信息为实时数据源，收集相应的流域蒸发资料，编制各水库入库及区间洪水及径流预报方案。利用人工雨量制作的洪水预报的输出结果时段为 6h；利用遥测雨量制作的洪水预报输出结果时段包括 1h、3h、6h。考虑到水布垭日流量的预报，同时在方案中设置 24h 计算时段。

对于流域内有调蓄作用的水电站对水情预报的影响，考虑在有调蓄作用的水电站设置预报断面，利用调洪演算对水电站断面预报入库流量进行计算，采用经过调洪演算后的出库流量作为下一级断面的入流。这需要实时采集到水电站断面的坝上水位以及掌握水电站的调度计划，坝上水位可以通过人工报汛系统得到，而上游各水电站的调度情况往往很难掌握，这对调洪演算的影响较大。鉴于此，方案中采用按照各水电站调洪规程进行调度，以及人工交互修改的方式。

洪水预报方案的编制分为以下 4 个部分：

（1）根据清江流域水文站网分布图以及流域情况、数字水系、水文站、水库的特点进行子流域划分，同时根据划分好的子流域计算每个计算单元的面积、雨量值权重等。

（2）采用水文模型进行产汇流模拟，得到每个关键断面的模拟径流过程。

（3）根据各关键断面的实测、模拟径流过程进行模型参数率定。

（4）最后根据各块模型的模拟精度，进行模型参数综合，推荐合适的模型参数。

10.3.2　预报方案编制

10.3.2.1　流域离散

流域离散包括流域分块划分以及分块中单元划分。

1. 流域分块划分

以清江流域现有水文站或预报站为控制，根据系统需求、流域特性、流域水系、已建主要水电站、测站分布，按分散型模式的要求初步将高坝洲控制以上流域（面积 15650km²）分成 8 大块区（即恩施以上区、老渡口以上区、洞坪以上区、野三河以上、恩施—水布垭区间、招徕河以上区、水布垭—隔河岩区间、隔河岩—高坝洲区间），各块区分别设置一个控制断面，分别为恩施、老渡口、洞坪、野三河、水布垭、招徕河、隔河岩、高坝洲。清江流域洪水预报断面见表 10.6，各分块拓扑关系如图 10.2 所示。

表 10.6　清江流域洪水预报断面一览表

序号	河名	预报站	控制面积/km²	备注
1	清江	恩施	2396	清江干流恩施以上流域
2	马水河	老渡口	1650	清江支流马水河老渡口水电站以上流域
3	忠建河	洞坪	1420	清江支流忠建河洞坪水电站以上流域
4	野三河	野三河	453	清江支流野三河野三河水电站以上流域
5	清江	水布垭	4595	清江干流恩施—水布垭区间流域
6	招徕河	招徕河	792	清江支流招徕河以上流域
7	清江	隔河岩	2880	清江干流水布垭—隔河岩区间流域
8	清江	高坝洲	1463	清江干流隔河岩—高坝洲区间流域

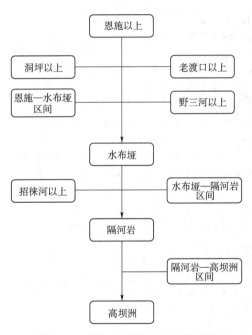

图 10.2　清江流域各分块拓扑关系图

2. 流域单元划分

分块划分完成后进行单元划分，确定各单元的面积，单元内包含若干个雨量站，为各雨量站分配权重。

清江流域有遥测站网和报汛站网两套数据源，因此，需要划分两套单元。划分完成后的流域离散信息见表 10.7 和表 10.8。

10.3.2.2 预报模型选择

从现有实用和今后发展的观点出发，本系统选用已经在我国得到广泛应用的三水源新安江模型；河道汇流模型选择马斯京根连续演算法；实时校正模型选择自回归模型。

10.3.2.3 洪水预报时段

利用人工雨量制作的洪水预报的输出结果时段为 6h；利用遥测雨量制作的洪水预报输出结果时段包括 1h、3h、6h。考虑到水布垭日流量的预报，同时在方案中设置 24h 计算时段。

表 10.7　遥测站网流域离散表

块序号	描述	控制断面	块面积/km²	单元数	单元面积/km²	单元雨量站	单元雨量站权重	入流块
1	恩施	恩施	3000	3	1027	利川遥雨	1.0	
					965	利川遥雨、团堡遥雨	0.5, 0.5	
					1008	新板桥遥雨	1.0	
2	老渡口	老渡口	1650	2	906	茅田遥雨、建始遥雨	0.5, 0.5	
					744	崔坝遥雨、老渡口遥雨	0.5, 0.5	

续表

块序号	描述	控制断面	块面积/km²	单元数	单元面积/km²	单元雨量站	单元雨量站权重	入流块
3	洞坪	洞坪	1420.5	2	716	咸丰遥雨	1.0	
					704.5	芭蕉遥雨、洞坪遥雨	0.5, 0.5	
4	野三河	野三河	453.5	1	453.5	高坪遥雨、绿葱坡遥雨	0.6, 0.4	
5	恩施—水布垭	水布垭	4595	3	1583	恩施遥雨	1.0	恩施、老渡口、洞坪、野三河
					1702	红土溪遥雨、花果坪遥雨	0.5, 0.5	
					1310	金果坪遥雨、野三关遥雨、水布垭遥雨	0.4, 0.2, 0.4	
6	招徕河	招徕河	792	1	792	野三关遥雨、榔坪遥雨	0.3, 0.7	
7	水布垭—隔河岩	隔河岩	2880	2	1387	五峰遥雨、桃山遥雨、采花遥雨、鱼峡口遥雨	0.2, 0.3, 0.2, 0.3	招徕河、水布垭
					1493	大堰遥雨、鸭子口遥雨、隔河岩遥雨	0.4, 0.4, 0.2	
8	隔河岩—高坝洲	高坝洲	1463	1	1463	高家堰遥雨、堡子遥雨、高坝洲遥雨	0.3, 0.3, 0.4	隔河岩

表 10.8　　　　　　　　　　　　报汛站网流域离散表

块序号	描述	控制断面	块面积/km²	单元数	单元面积/km²	单元雨量站	单元雨量站权重	入流块
1	恩施	恩施	3000	3	1027	利川报雨、汪营报雨	0.5, 0.5	
					965	滴水岩报雨、团堡报雨	0.5, 0.5	
					1008	新板桥报雨、马者报雨、见天坝报雨、西流水报雨	0.2, 0.3, 0.2, 0.3	
2	老渡口	老渡口	1650	2	906	天鹅池报雨、茅田报雨、当阳坝报雨、建始报雨	0.25, 0.25, 0.25, 0.25	
					744	老渡口报雨	1.0	
3	洞坪	洞坪	1420.5	2	716	咸丰报雨、晓关报雨	0.5, 0.5	
					704.5	宣恩报雨、长潭河报雨、洞坪报雨	0.3, 0.4, 0.3	
4	野三河	野三河	453.5	1	453.5	龙潭坪报雨、支井河报雨	0.5, 0.5	
5	恩施—水布垭	水布垭	4595	3	1583	恩施报雨、新塘报雨、南里渡报雨	0.4, 0.4, 0.2	恩施、老渡口、洞坪、野三河
					1702	椿木营报雨、红土溪报雨、花果坪报雨、官店报雨	0.2, 0.2, 0.3, 0.3	
					1310	金果坪报雨、金鸡口报雨	0.5, 0.5	

块序号	描述	控制断面	块面积/km²	单元数	单元面积/km²	单元雨量站	单元雨量站权重	入流块
6	招徕河	招徕河	792	1	792	榔坪报雨	1.0	
7	水布垭—隔河岩	隔河岩	2880	2	1387	段家沟报雨、鱼峡口报雨、桃山报雨、五峰报雨	0.2, 0.3, 0.3, 0.2	招徕河、水布垭
					1493	桃山报雨	1.0	
8	隔河岩—高坝洲	高坝洲	1463	1	1463	染坊坪报雨、高家堰报雨、高坝洲报雨	0.3, 0.3, 0.4	隔河岩

10.3.2.4 预报方案配置

根据数据源及洪水预报时段,设置 5 种预报方案,分别是 1h 遥测方案、3h 遥测方案、6h 遥测方案、6h 报汛方案以及水布垭日报汛方案。前 3 种方案的数据源为遥测站,后两种预报方案的数据源为报汛站。

预报断面来水由两部分组成:一部分是上游水库出流量;一部分是区间降雨来流量。为满足各水库制断面洪水预报要求,各区间洪水预报方案以新安江降雨径流预报模型方案为主,上游来水采用河道汇流曲线演进法将洪水过程演进至控制断面。清江流域各预报断面的预报方案配置见表 10.9。

表 10.9 清江流域各预报断面的预报方案配置表

序号	预报断面	单元数	面积/km²	洪 水 预 报 方 案
1	恩施	3	3000	1、2、3 区间分别采用三水源新安江模型预报,再在预报出各区间出口断面流量的基础上,采用河道汇流曲线分别演进到叠加到恩施水库,预报出入库预报流量
2	老渡口	2	1650	4、5 区间分别采用三水源新安江模型预报,再在预报出各区间出口断面流量的基础上,采用河道汇流曲线分别演进到叠加到老渡口水库,预报出入库预报流量
3	洞坪	2	1420	6、7 区间分别采用三水源新安江模型预报,再在预报出各区间出口断面流量的基础上,采用河道汇流曲线分别演进到叠加到洞坪水库,预报出入库预报流量
4	野三河	1	453	8 区间采用三水源新安江模型预报野三河水库入库预报流量
5	水布垭	3	4595	9、10、11 区间分别采用三水源新安江模型预报,再在预报出各区间出口断面流量的基础上,采用河道汇流曲线分别演进到叠加到水布垭水库;同时将上游恩施、老渡口、洞坪、野三河断面的出库流量采用河道汇流演算到水布垭水库,将区间预报与上游演算预报叠加得到水布垭水库的入库预报流量

续表

序号	预报断面	单元数	面积/km²	洪 水 预 报 方 案
6	招徕河	1	792	12 区间采用三水源新安江模型预报招徕河水库入库预报流量
7	隔河岩	2	2880	13、14 区间分别采用三水源新安江模型预报,再在预报出各区间出口断面流量的基础上,采用河道汇流曲线分别演进到叠加到水布垭水库;同时将上游水布垭、招徕河断面的出库流量采用河道汇流演算到隔河岩水库,将区间预报与上游演算预报叠加得到隔河岩水库的入库预报流量
8	高坝洲	1	1463	15 区间采用三水源新安江模型预报高坝洲水库入库预报流量;同时将上游隔河岩断面的出库流量采用河道汇流演算到高坝洲水库,将区间预报与上游演算预报叠加得到隔河岩水库的入库预报流量

10.3.2.5 模型参数率定

1. 资料收集整理

本次水文预报方案采用的雨量、水位、流量、蒸发资料均由清江公司提供。

(1)雨量资料收集。总共收集到 37 个报汛雨量站和 29 个遥测雨量站的雨量资料。报汛雨量站均为 2006—2012 年的资料,遥测雨量站大部分为 2002—2012 年的资料,部分为 2010—2012 年的资料,个别为 2001—2012 年的资料。报汛雨量资料时段长为 6h,遥测雨量站资料时段长为 1h。各雨量测站资料情况见表 10.10。

表 10.10　　　　　　　　　清江流域雨量测站资料情况表

站名	资料年份	站名	资料年份	站名	资料年份
汪营*	2006—2012	椿木营*	2006—2012	花果坪	2002—2012
利川*	2006—2012	花果坪*	2006—2012	金果坪	2002—2012
滴水岩*	2006—2012	红土溪*	2006—2012	野三关	2002—2012
新板桥*	2006—2012	官店*	2006—2012	利川	2002—2012
团堡*	2006—2012	金果坪*	2006—2012	五峰	2000—2012
马者*	2006—2012	金鸡口*	2006—2012	榔坪	2002—2012
见天坝*	2006—2012	段家沟*	2006—2012	堡子	2002—2012
天鹅池*	2006—2012	榔坪*	2006—2012	大堰	2002—2012
西流水*	2006—2012	渔峡口*	2006—2012	团堡	2002—2012
恩施*	2006—2012	桃山*	2006—2012	高坪	2002—2012
茅田*	2006—2012	五峰*	2006—2012	崔坝	2002—2012
当阳坝*	2006—2012	染房坪*	2006—2012	水布垭	2002—2012
建始*	2006—2012	高家堰*	2006—2012	桃山	2000—2012
老渡口*	2006—2012	高坝洲*	2006—2012	鸭子口	2002—2012
咸丰*	2006—2012	南里渡*	2006—2012	采花	2002—2012
晓关*	2006—2012	新板桥	2002—2012	芭蕉	2010—2012

站名	资料年份	站名	资料年份	站名	资料年份
宣恩*	2006—2012	恩施	2003—2012	绿葱坡	2010—2012
长坛河*	2006—2012	咸丰	2002—2012	渔峡口	2010—2012
洞坪*	2006—2012	茅田	2001—2012	洞坪	2010—2012
新塘*	2006—2012	建始	2002—2012	老渡口	2010—2012
龙潭坪*	2006—2012	高家堰	2010—2012	隔河岩	2002—2012
支井河*	2006—2012	红土溪	2002—2012	高坝洲	2010—2012

注 带 * 为报汛雨量站。

（2）洪水资料收集。总共收集到 16 个流量站的洪水资料，其中包括 9 个报汛站，1 个遥测站以及 6 个水库计算资料。其中报汛站大部分为 2006—2012 年的资料，老渡口站为 2009—2012 年的资料。遥测站的洪水资料为 2006—2012 年的资料。水布垭的水库资料为 2007—2012 年的资料。高坝洲和隔河岩的水库资料为 2001—2012 年的资料。报汛站资料时段长为 6h，遥测站和水库资料时段长为 1h。各水文测站洪水资料情况见表 10.11。

表 10.11 清江流域水文测站洪水资料情况表

站名	资料年份	站名	资料年份	站名	资料年份
恩施*	2006—2012	高坝洲*	2006—2012	隔河岩入库**	2001—2012
恩施	2006—2012	大龙潭*	2011—2012	隔河岩出库**	2001—2012
老渡口*	2009—2012	野三河*	2011—2012	高坝洲入库**	2001—2012
洞坪*	2006—2012	招徕河*	2006—2012	高坝洲出库**	2001—2012
段家沟*	2006—2012	水布垭入库**	2007—2012		
高家堰*	2006—2012	水布垭出库**	2007—2012		

注 带 * 为报汛站，带 ** 为水库计算资料。

（3）蒸发资料收集。蒸发资料选用的是日蒸发资料，蒸发站共有 2 个，分别为段家沟、宣恩。蒸发站均为报汛站。各蒸发测站资料情况见表 10.12。

表 10.12 清江流域蒸发测站资料情况表

类别	站码	资料年份	类别	站码	资料年份
蒸发	段家沟	2006—2012	蒸发	宣恩	2006—2012

（4）资料处理。本次方案编制所采用的水文资料为清江公司提供的资料，具有较高的可靠性。收集到的资料中，水布垭、隔河岩—高坝洲区间 2008 年 6 月 28 日至 9 月 28 日之间遥测站的雨量资料缺测，利用遥测站对应报汛站资料对其进行了插补。修改了部分明显错误的雨量值，例如：团堡站 2011 年 2 月 15 日 16 时遥测雨量为 2688.5mm，此数值明显错误，将其删除；流量资料比较齐全，少量资料明显偏离实际值，对其进行了修改；蒸发资料比较齐全，少量站点的部分蒸发资料缺测，按照多年平均值对其进行了插补。

　　对收集到的所有资料汇总，按照一定的格式进行资料整编。将遥测雨量资料处理成
1h、3h、6h、24h时段的雨量值，报汛雨量资料处理成6h时段的雨量值；将流量资料处
理成实时流量；将水布垭1h入库流量处理成日平均流量；将日蒸发资料处理成1h、3h、
6h、24h时段的蒸发量。

　　2. 参数率定与检验

　　新安江模型预报方案参数率定采用的计算时段长为1h、3h、6h、24h，选用收集到的
流域内测站的水文资料进行模型参数调试与检验。根据各站点资料情况，选取一定场次的
代表性洪水进行参数率定，预留若干场次的洪水进行参数检验。采用洪峰流量和洪量评价
预报方案的精度。

　　本次预报方案将清江流域中每个预报断面均设置成一块，一共为8块。分别对每块各
种预报时段下的模型参数进行率定。

　　各断面的参数详见表10.13～表10.21。

表 10.13　　　　　　　　　　1h遥测方案新安江模型参数表

块序号	B	C	IMP	EX	KC	UM	LM	DM	SM	KG	KI	CG	CI
1	0.35	0.08	0.02	1.2	1.20	5.4	73.3	29.1	50.0	0.400	0.300	0.987	0.900
2	0.35	0.08	0.02	1.2	0.50	10.2	68.0	5.0	50.0	0.010	0.300	0.998	0.888
3	0.35	0.08	0.02	1.2	0.50	5.0	60.0	5.0	50.0	0.196	0.300	0.985	0.797
4	0.35	0.08	0.02	1.2	0.50	5.0	90.0	5.0	30.3	0.076	0.010	0.95	0.900
5	0.35	0.08	0.02	1.2	1.20	13.2	71.4	16.1	50.0	0.043	0.036	0.997	0.900
6	0.35	0.08	0.02	1.2	0.84	18.6	86.7	54.2	24.3	0.152	0.220	0.998	0.631
7	0.35	0.08	0.02	1.2	0.61	20.0	81.1	17.6	33.5	0.025	0.220	0.988	0.616
8	0.35	0.08	0.02	1.2	0.71	7.6	67.0	5.0	14.7	0.381	0.300	0.993	0.823

表 10.14　　　　　　　　　　1h遥测方案汇流单位线表

块序号	曲线用途	节点数	节 点 值
1	流域河网汇流	10	0.02, 0.05, 0.15, 0.25, 0.19, 0.13, 0.09, 0.06, 0.04, 0.02
	第1单元—恩施	6	0.02, 0.10, 0.60, 0.20, 0.05, 0.03
	第2单元—恩施	6	0.02, 0.10, 0.60, 0.20, 0.05, 0.03
	第3单元—恩施	6	0.02, 0.10, 0.60, 0.20, 0.05, 0.03
2	流域河网汇流	11	0.00, 0.00, 0.02, 0.08, 0.21, 0.28, 0.21, 0.10, 0.05, 0.03, 0.02
	第1单元—老渡口	6	0.08, 0.32, 0.22, 0.16, 0.12, 0.10
	第2单元—老渡口	6	0.08, 0.32, 0.22, 0.16, 0.12, 0.10
3	流域河网汇流	13	0.00, 0.00, 0.00, 0.01, 0.01, 0.01, 0.01, 0.04, 0.20, 0.41, 0.19, 0.08, 0.03
	第1单元—洞坪	9	0.01, 0.02, 0.03, 0.05, 0.20, 0.36, 0.19, 0.10, 0.04
	第2单元—洞坪	1	1.0

块序号	曲线用途	节点数	节 点 值
4	流域河网汇流	7	0.00，0.04，0.12，0.30，0.25，0.21，0.08
	第1单元—野三河	1	1.0
5	流域河网汇流	11	0.00，0.00，0.00，0.01，0.04，0.13，0.19，0.25，0.20，0.14，0.04
	第1单元—水布垭	7	0.00，0.03，0.08，0.25，0.35，0.24，0.05
	第2单元—水布垭	6	0.03，0.08，0.25，0.35，0.24，0.05
	第3单元—水布垭	1	1.00
	恩施—水布垭	7	0.00，0.05，0.07，0.24，0.35，0.24，0.05
	老渡口—水布垭	7	0.00，0.05，0.07，0.24，0.35，0.24，0.05
	洞坪—水布垭	7	0.00，0.05，0.07，0.24，0.35，0.24，0.05
	野三河—水布垭	7	0.00，0.05，0.07，0.24，0.35，0.24，0.05
6	流域河网汇流	7	0.00，0.04，0.12，0.30，0.25，0.21，0.08
	第1单元—招徕河	1	1.0
7	流域河网汇流	10	0.00，0.02，0.04，0.04，0.16，0.28，0.22，0.14，0.06，0.04
	第1单元—隔河岩	5	0.00，0.05，0.70，0.20，0.05
	第2单元—隔河岩	1	1.0
	水布垭—隔河岩	5	0.00，0.05，0.70，0.20，0.05
	招徕河—隔河岩	5	0.00，0.05，0.70，0.20，0.05
8	流域河网汇流	8	0.01，0.02，0.05，0.12，0.40，0.24，0.10，0.06
	第1单元—高坝洲	1	1.0
	隔河岩—高坝洲	4	0.05，0.70，0.20，0.05

表 10.15　　　　　　3h 遥测方案新安江模型参数表

块序号	B	C	IMP	EX	KC	UM	LM	DM	SM	KG	KI	CG	CI
1	0.35	0.08	0.02	1.2	0.86	12.8	60.7	19.2	50.0	0.235	0.128	0.979	0.644
2	0.35	0.08	0.02	1.2	0.50	10.2	68.0	5.0	50.0	0.010	0.300	0.998	0.888
3	0.35	0.08	0.02	1.2	0.87	5.0	60.0	5.0	19.5	0.126	0.010	0.961	0.900
4	0.35	0.08	0.02	1.2	0.67	5.0	60.0	5.0	17.1	0.134	0.074	0.951	0.698
5	0.35	0.08	0.02	1.2	1.20	13.0	67.1	15.3	50.0	0.085	0.079	0.991	0.696
6	0.35	0.08	0.02	1.2	0.80	20.0	60.0	40.0	40.0	0.150	0.200	0.996	0.800
7	0.35	0.08	0.02	1.2	0.79	11.4	70.5	5.0	48.7	0.021	0.091	0.973	0.500
8	0.35	0.08	0.02	1.2	0.50	5.0	60.0	5.0	19.8	0.400	0.166	0.975	0.500

表 10.16　　　　　　　　　　3h 遥测方案汇流单位线表

块序号	曲线用途	节　点　值
1	流域河网汇流	0.04, 0.20, 0.30, 0.20, 0.12, 0.08, 0.04, 0.02
	第 1 单元—恩施	0.02, 0.60, 0.20, 0.10, 0.05, 0.03
	第 2 单元—恩施	1.0
	第 3 单元—恩施	1.0
2	流域河网汇流	0.08, 0.22, 0.28, 0.22, 0.10, 0.05, 0.03, 0.02
	第 1 单元—老渡口	0.10, 0.34, 0.27, 0.19, 0.10
	第 2 单元—老渡口	0.10, 0.34, 0.27, 0.19, 0.10
3	流域河网汇流	0.02, 0.04, 0.18, 0.46, 0.19, 0.08, 0.03
	第 1 单元—洞坪	0.02, 0.10, 0.53, 0.20, 0.10, 0.05
	第 2 单元—洞坪	1.0
4	流域河网汇流	0.12, 0.28, 0.27, 0.23, 0.10
	第 1 单元—野三河	1.0
5	流域河网汇流	0.04, 0.12, 0.40, 0.24, 0.14, 0.06
	第 1 单元—水布垭	0.05, 0.70, 0.20, 0.05
	第 2 单元—水布垭	0.80, 0.20
	第 3 单元—水布垭	1.0
	恩施—水布垭	0.10, 0.60, 0.26, 0.24
	老渡口—水布垭	0.10, 0.60, 0.26, 0.24
	洞坪—水布垭	0.10, 0.60, 0.26, 0.24
	野三河—水布垭	0.10, 0.60, 0.26, 0.24
6	流域河网汇流	0.12, 0.28, 0.27, 0.23, 0.10
	第 1 单元—招徕河	1.0
7	流域河网汇流	0.00, 0.02, 0.04, 0.04, 0.16, 0.28, 0.22, 0.14, 0.06, 0.04
	第 1 单元—隔河岩	0.00, 0.05, 0.70, 0.20, 0.05
	第 2 单元—隔河岩	1.0
	水布垭—隔河岩	0.00, 0.05, 0.70, 0.20, 0.05
	招徕河—隔河岩	0.00, 0.05, 0.70, 0.20, 0.05
8	流域河网汇流	0.10, 0.50, 0.24, 0.10, 0.06
	第 1 单元—高坝洲	1.0
	隔河岩—高坝洲	0.80, 0.20

表 10.17　　　　　　　　　　6h 遥测方案新安江模型参数表

块序号	B	C	IMP	EX	KC	UM	LM	DM	SM	KG	KI	CG	CI
1	0.35	0.08	0.02	1.2	0.50	5.0	86.2	49.9	8.0	0.400	0.088	0.981	0.900
2	0.35	0.08	0.02	1.2	0.50	5.0	60.0	5.0	10.0	0.010	0.055	0.998	0.900
3	0.35	0.08	0.02	1.2	0.89	5.0	60.0	5.0	18.0	0.099	0.201	0.964	0.869

块序号	B	C	IMP	EX	KC	UM	LM	DM	SM	KG	KI	CG	CI
4	0.35	0.08	0.02	1.2	0.50	6.5	60.0	5.0	45.2	0.010	0.065	0.952	0.857
5	0.35	0.08	0.02	1.2	1.20	9.0	63.6	5.0	25.7	0.185	0.196	0.973	0.631
6	0.35	0.08	0.02	1.2	1.20	20.0	90.0	60.0	50.0	0.400	0.188	0.998	0.900
7	0.35	0.08	0.02	1.2	0.53	5.0	60.3	5.0	23.5	0.254	0.097	0.975	0.710
8	0.35	0.08	0.02	1.2	0.50	5.0	70.8	5.0	23.3	0.400	0.300	0.976	0.900

表 10.18　　　　　6h 报汛方案新安江模型参数表

块序号	B	C	IMP	EX	KC	UM	LM	DM	SM	KG	KI	CG	CI
1	0.35	0.08	0.02	1.2	0.59	7.6	76.2	52.9	8.0	0.400	0.130	0.986	0.900
2	0.35	0.08	0.02	1.2	0.50	13.1	69.8	39.7	10.0	0.010	0.010	0.998	0.508
3	0.35	0.08	0.02	1.2	0.56	20.0	86.2	60.0	29.5	0.329	0.300	0.998	0.500
4	0.35	0.08	0.02	1.2	0.50	5.0	90.0	5.0	30.3	0.076	0.010	0.95	0.900
5	0.35	0.08	0.02	1.2	1.20	12.5	60.0	24.2	29.9	0.175	0.168	0.977	0.597
6	0.35	0.08	0.02	1.2	0.84	18.6	86.7	54.2	24.3	0.152	0.220	0.998	0.631
7	0.35	0.08	0.02	1.2	0.50	5.0	60.0	5.0	10.0	0.323	0.192	0.950	0.900
8	0.35	0.08	0.02	1.2	0.50	5.0	71.1	5.0	23.3	0.400	0.300	0.979	0.900

表 10.19　　　　　6h 遥测、报汛方案汇流单位线表

块序号	曲线用途	节点数	节 点 值
1	流域河网汇流	6	0.08, 0.32, 0.22, 0.16, 0.12, 0.10
	第1单元—恩施	6	0.02, 0.60, 0.20, 0.10, 0.05, 0.03
	第2单元—恩施	1	1.00
	第3单元—恩施	1	1.00
2	流域河网汇流	5	0.14, 0.28, 0.24, 0.19, 0.15
	第1单元—老渡口	2	0.80, 0.20
	第2单元—老渡口	2	0.80, 0.20
3	流域河网汇流	4	0.01, 0.02, 0.95, 0.02
	第1单元—洞坪	2	0.80, 0.20
	第2单元—洞坪	1	1.0
4	流域河网汇流	3	0.20, 0.60, 0.20
	第1单元—野三河	1	1.0

块序号	曲线用途	节点数	节　点　值
5	流域河网汇流	4	0.10，0.70，0.14，0.06
	第 1 单元—水布垭	2	0.80，0.20
	第 2 单元—水布垭	2	0.80，0.20
	第 3 单元—水布垭	1	1.00
	恩施—水布垭	3	0.20，0.70，0.10
	老渡口—水布垭	3	0.20，0.70，0.10
	洞坪—水布垭	3	0.20，0.70，0.10
	野三河—水布垭	3	0.20，0.70，0.10
6	流域河网汇流	3	0.20，0.60，0.20
	第 1 单元—招徕河	1	1.0
7	流域河网汇流	4	0.12，0.45，0.28，0.15
	第 1 单元—隔河岩	4	0.05，0.80，0.10，0.05
	第 2 单元—隔河岩	1	1.0
	水布垭—隔河岩	2	0.80，0.20
	招徕河—隔河岩	2	0.80，0.20
8	流域河网汇流	3	0.20，0.70，0.10
	第 1 单元—高坝洲	1	1.0
	隔河岩—高坝洲	1	1.0

表 10.20　　　　　　　　　日模型方案新安江模型参数表

块序号	B	C	IMP	EX	KC	UM	LM	DM	SM	KG	KI	CG	CI
1	0.35	0.08	0.02	1.2	0.63	5.0	66.5	5.0	50.0	0.270	0.216	0.960	0.900
2	0.35	0.08	0.02	1.2	0.50	5.0	60.0	5.0	38.9	0.011	0.010	0.998	0.880
3	0.35	0.08	0.02	1.2	1.20	10.6	62.7	56.7	10.0	0.103	0.010	0.950	0.502
4	0.35	0.08	0.02	1.2	0.71	5.0	69.1	5.0	17.6	0.010	0.010	0.973	0.872
5	0.35	0.08	0.02	1.2	1.20	15.6	80.9	38.8	19.7	0.228	0.098	0.963	0.768

表 10.21　　　　　　　　　日模型方案汇流单位线表

块序号	曲线用途	节点数	节　点　值
1	流域河网汇流	2	0.80，0.20
	第 1 单元—恩施	1	1.0
	第 2 单元—恩施	1	1.0
	第 3 单元—恩施	1	1.0
2	流域河网汇流	2	0.80，0.20
	第 1 单元—老渡口	1	1.0
	第 2 单元—老渡口	1	1.0

块序号	曲线用途	节点数	节 点 值
3	流域河网汇流	2	0.80，0.20
	第1单元—洞坪	1	1.0
	第2单元—洞坪	1	1.0
4	流域河网汇流	2	0.80，0.20
	第1单元—野三河	1	1.0
5	流域河网汇流	3	0.20，0.70，0.10
	第1单元—水布垭	1	1.00
	第2单元—水布垭	1	1.00
	第3单元—水布垭	1	1.00
	恩施—水布垭	2	0.80，0.20
	老渡口—水布垭	1	1.00
	洞坪—水布垭	1	1.00
	野三河—水布垭	1	1.00

10.3.2.6　预报断面精度评定

对各预报断面的新安江模型精度评定见表10.22～表10.26。

由表中可以看出，在1h遥测、3h遥测、6h遥测、6h报汛方案中，除野三河断面和招徕河断面无洪水资料，其余预报断面的合格率均达到60%以上，部分断面检验合格率达到100%。其中主要断面水布垭的合格率均在乙级以上，特别是6h报汛方案，水布垭断面的合格率达到100%。日模型方案中各断面的合格率较低，大多为丙级以下，但是水布垭断面的合格率为69.2%，达到丙级水平，具有一定的参考价值。本次洪水预报方案编制总的场次洪水较少，特别是有些断面仅有一场洪水资料，对方案精度评定影响较大。

表 10.22　　　　　　　　　　1h 遥测方案合格率统计表

区　　间	方 案 编 制			
	总场次	合格场次	合格率/%	等级
恩施	9	8	88.9	甲级
老渡口	1	1	100	甲级
洞坪	1	1	100	甲级
野三河	0	0	—	—
恩施—水布垭	13	11	84.6	乙级
招徕河	0	0	—	—
水布垭—隔河岩	3	3	100	甲级
隔河岩—高坝洲	3	2	66.7	丙级

表 10.23　　　　　　　　　　　　　3h 遥测方案合格率统计表

区　间	方　案　编　制			
	总场次	合格场次	合格率/%	等级
恩施	9	6	66.7	丙级
老渡口	1	1	100.0	甲级
洞坪	1	1	100.0	甲级
野三河	0	0	—	—
恩施—水布垭	13	10	76.9	乙级
招徕河	0	0	—	—
水布垭—隔河岩	3	3	100.0	甲级
隔河岩—高坝洲	3	2	66.7	丙级

表 10.24　　　　　　　　　　　　　6h 遥测方案合格率统计表

区　间	方　案　编　制			
	总场次	合格场次	合格率/%	等级
恩施	9	6	66.7	丙级
老渡口	1	1	100	甲级
洞坪	1	1	100	甲级
野三河	0	0	—	—
恩施—水布垭	13	12	92.3	甲级
招徕河	0	0	—	—
水布垭—隔河岩	3	3	100	甲级
隔河岩—高坝洲	3	2	66.7	丙级

表 10.25　　　　　　　　　　　　　6h 报汛方案合格率统计表

区　间	方　案　编　制			
	总场次	合格场次	合格率/%	等级
恩施	9	7	77.8	丙级
老渡口	1	1	100	甲级
洞坪	1	1	100	甲级
野三河	0	0	—	—
恩施—水布垭	13	13	100	甲级
招徕河	0	0	—	—
水布垭—隔河岩	3	3	100	甲级
隔河岩—高坝洲	3	2	66.7	丙级

表 10.26　　　　　　　　　　　　　日模型方案合格率统计表

区　间	方　案　编　制			
	总场次	合格场次	合格率/%	等级
恩施	9	4	44.4	丙级以下
老渡口	1	0	0	丙级以下
洞坪	1	1	100	甲级

续表

区 间	方 案 编 制			
	总场次	合格场次	合格率/%	等级
野三河	0	0	—	—
恩施—水布垭	13	9	69.2	丙级

10.3.3 预报方案总结

清江流域面积大，流域内下垫面条件复杂，降雨时空分布不均匀。在对流域预报断面新安江模型参数率定的过程中，得出了以下结论：

（1）新安江模型是适合清江流域的洪水预报模型。在对流域内 8 个断面的参数率定过程中，洪水预报合格率都在乙级以上，部分断面合格率达到甲级。

（2）1h 遥测、3h 遥测、6h 遥测、6h 报汛方案精度均较高，日模型方案的精度较低。其中 6h 报讯方案精度最高，这是因为流域内报讯站点比遥测站点多，因而反映的流域平均降雨更为准确，同时报汛的时段为 6h。而其他时段（1h，3h）的实测流量资料是根据 6h 报汛的资料处理得到的，这造成了一定的误差，影响了 1h 遥测、3h 遥测的方案精度。

（3）流域内中小水电站的影响较大，在方案编制的过程中，挑选历史洪水时，有部分洪水资料出现了明显的雨洪不对应的情况，这是由于水库的调蓄作用造成的。同时也是造成本次方案编制中选用洪水场次较少的原因。

总体来看，清江流域新安江模型预报方案整体达到了乙级以上预报水平，局部可以达到甲级预报水平。

该预报方案运用于实时洪水预报系统中，通过实时校正，减小各场次洪水预报的系统误差，预计会得到更高的预报精度。

10.4 系统运行环境及界面

10.4.1 系统运行环境

操作系统：服务器操作系统为 Microsoft windows 2008 Server，客户端操作系统为 Microsoft Windows 7。

数据库：数据库采用 IBM DB2。

开发环境：系统软件开发环境为 Windows .Net 平台，编程语言主要采用 Microsoft Visual Studio 2008。

支撑环境：系统须 Microsoft Office 2007 及以上版本支持。

10.4.2 系统界面

系统包含数据预处理、实时洪水预报、模型库及参数管理、预报方案管理、场次洪水管理、历史洪水管理、参数率定、系统管理等功能。系统核心功能菜单如图 10.3 所示。系统启动界面如图 10.4 所示。实时洪水预报程序界面如图 10.5 及图 10.6 所示。

图 10.3 系统核心功能菜单

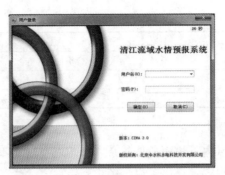

图 10.4　系统启动界面

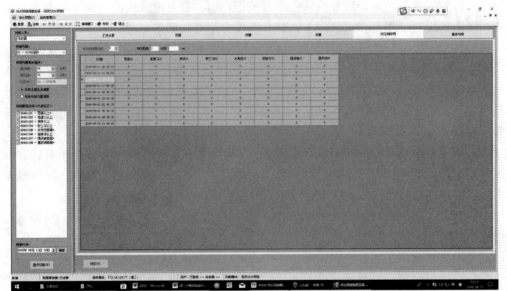

图 10.5　实时洪水预报设置界面

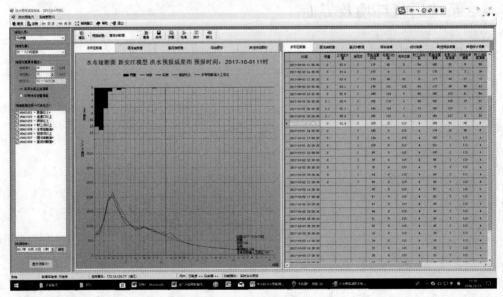

图 10.6　实时洪水预报成果展示界面

10.5 系统运行

清江流域洪水预报调度系统软件研制项目从 2012 年 2 月开始启动，历经需求分析、总体设计、数据库设计、预报方案编制、软件开发、测试、出厂验收等阶段，于 2012 年 8 月下旬进场安装，在现场经过 10 余天的安装调试后，于 2012 年 9 月 3 日通过预验收，进入试运行阶段。2015 年系统正式进入运行期。

10.5.1 试运行阶段

清江流域 2012 年 9 月至 2014 年 10 月共发生 5 场洪水（水布垭入库洪水），其中洪峰流量在 3000 m^3/s 以下的小洪水 3 次，均发生在 2012 年；洪峰流量大于 4000 m^3/s 的中等洪水 1 次，发生在 2013 年；洪峰流量大于 9000 m^3/s 的大洪水 1 次，发生在 2014 年 9 月，本次洪水亦为水布垭水库迎纳蓄水以来最大洪水。试运行期间，清江水情预报系统运行稳定，预报结果准确可靠。

10.5.1.1 1h 方案

试运行期间 1h 时段水布垭入库洪水预报成果统计见表 10.27，各场洪水过程如图 10.7～图 10.11 所示。

表 10.27 1h 时段水布垭入库洪水预报成果统计表

洪水编号	预报时间（年-月-日 时：分）	实测洪峰 /(m^3/s)	预报洪峰 /(m^3/s)	洪峰误差 /%	实测最大 3d 洪量 /($10^6 m^3$)	预报最大 3d 洪量 /($10^6 m^3$)	洪量误差 /%	实测峰现时间（年-月-日 时：分）	预报峰现时间（年-月-日 时：分）	峰现时间误差（时段）
2012091211	2012-09-12 10：00	4399.2	4590	4.34	381.78	375.44	−1.66	2012-09-12 11：00	2012-09-12 13：00	2
2013060617	2013-06-06 14：00	1941.9	1900	−2.16	210.53	183.27	−12.95	2013-06-06 17：00	2013-06-06 18：00	1
2013061000	2013-06-09 23：00	2693.5	2690	−0.13	284.62	272.95	−4.1	2013-06-10 00：00	2013-06-10 02：00	2
2013091012	2013-09-10 08：00	2169.4	2290	5.56	259.28	194.85	−24.85	2013-09-10 12：00	2013-09-10 13：00	1
2014091213	2014-09-02 11：00	9019.2	9530	5.66	722.25	702.7	−2.71	2014-09-02 13：00	2014-09-02 13：00	0

1h 时段方案的预报精度均较高，洪峰预报精度均在 90% 以上；洪量预报精度除 2013091012 次洪水误差较大（−24.85%），其余场次洪水精度均较高，2013091012 次洪水洪量预报误差较大的原因是在 2013 年 9 月 11 日流域内又发生降雨，产生一次洪水过程，而在预报时并未考虑到 2013 年 9 月 11 日降雨。因此造成预报洪量比实际洪量小，产生较大误差。

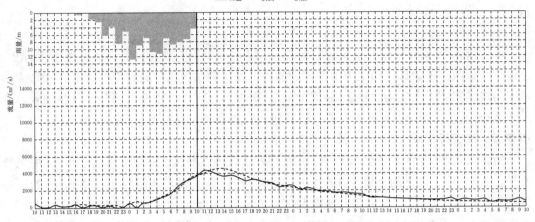

图 10.7　2012091211 洪水预报成果图

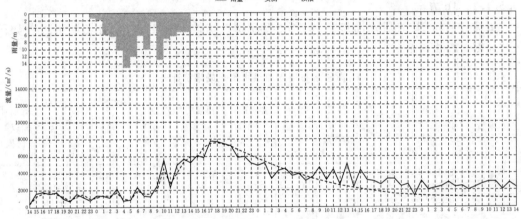

图 10.8　2013060617 洪水预报成果图

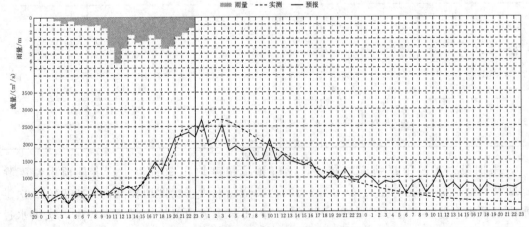

图 10.9　2013061000 洪水预报成果图

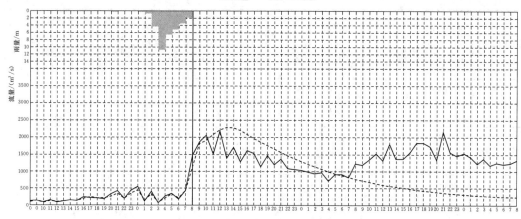

图 10.10 2013091012 洪水预报成果图

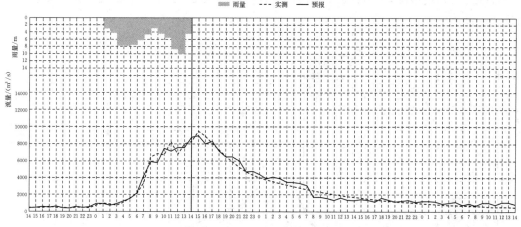

图 10.11 2014091213 洪水预报成果

　　另外，1h 时段洪水的锯齿较为严重，较大的锯齿会对洪水预报中的实时校正产生不良影响，同时也会影响预报精度。

10.5.1.2 3h 方案

　　试运行期间 3h 水布垭洪水预报成果统计见表 10.28，洪水过程如图 10.12～图 10.16 所示。

表 10.28　　　　　　　　　　　3h 水布垭洪水预报成果统计表

洪水编号	预报时间（年-月-日时：分）	实测洪峰/(m³/s)	预报洪峰/(m³/s)	洪峰误差/%	实测最大3d洪量/10⁶m³	预报最大3d洪量/10⁶m³	洪量误差/%	实测峰现时间（年-月-日时：分）	预报峰现时间（年-月-日时：分）	峰现时间误差（时段）
2012091214	2012 - 09 - 12 08：00	3918.8	4700	19.93	407.81	403.87	-0.97	2012 - 09 - 12 14：00	2012 - 09 - 12 14：00	0
2013060620	2013 - 06 - 06 14：00	1861.9	2150	15.47	227.91	220.45	-3.27	2013 - 06 - 06 20：00	2013 - 06 - 06 20：00	0

续表

洪水编号	预报时间（年-月-日时：分）	实测洪峰/(m³/s)	预报洪峰/(m³/s)	洪峰误差/%	实测最大3d洪量/10⁶m³	预报最大3d洪量/10⁶m³	洪量误差/%	实测峰现时间（年-月-日时：分）	预报峰现时间（年-月-日时：分）	峰现时间误差（时段）
2013060923	2013-06-09 20：00	2245.3	2350	4.66	292.1	288.47	−1.24	2013-06-09 23：00	2013-06-10 02：00	1
2013091011	2013-09-10 08：00	1790.9	1730	−3.4	350.09	180.65	−48.4	2013-09-10 11：00	2013-09-10 17：00	2
2014090214	2014-09-02 11：00	8649.5	9070	4.86	738.27	727.91	−1.4	2014-09-02 14：00	2014-09-02 14：00	0

根据天气预报情况，2012091214 次洪水预报时输入 2012 - 09 - 12 11：00：00 未来降雨量 2mm。

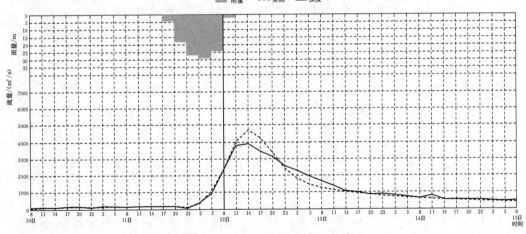

图 10.12 2012091214 洪水预报成果图

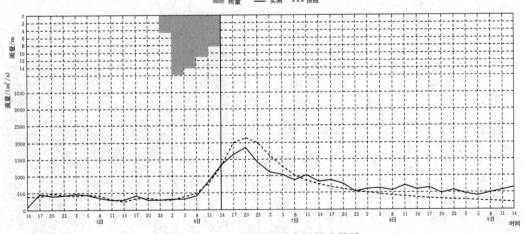

图 10.13 2013060620 洪水预报成果图

　　根据天气预报情况，2013060923 次洪水预报时输入 2012 - 09 - 12 23：00：00 降雨量 0.8mm，2012 - 09 - 13 02：00：00 降雨量 0.2mm。

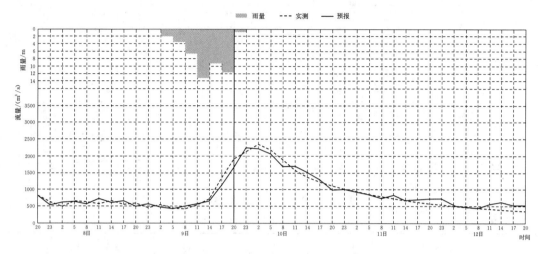

图 10.14　2013060923 洪水预报成果图

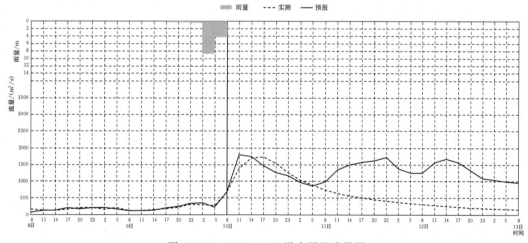

图 10.15　2013091011 洪水预报成果图

　　根据天气预报情况，2014091214 次洪水预报时输入 2014 - 09 - 02 14：00：00 降雨量 2mm。

　　除 2013091011 次洪水的洪量预报精度较低外（原因与 1h 时段方案分析中一致），其余场次洪水 3h 时段方案的预报精度均在合格范围内。同时可以看到，3h 时段洪水的平滑性较好，洪水过程拟合程度也较高。实际应用过程中，3h 时段方案具有相对较长的预见期，因此推荐使用。

10.5.1.3　6h 方案

　　试运行期间 6h 水布垭洪水预报成果统计见表 10.29，洪水过程如图 10.17～图 10.21 所示。

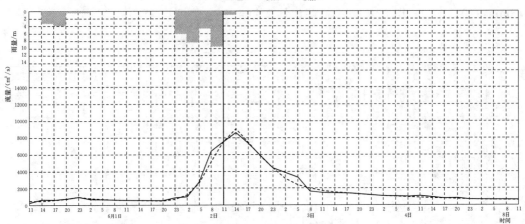

图 10.16　2014091214 洪水预报成果

表 10.29　　　　　　　　6h 水布垭洪水预报成果统计表

洪水编号	预报时间（年-月-日时：分）	实测洪峰/(m³/s)	预报洪峰/(m³/s)	洪峰误差/%	实测最大3d洪量/10⁶m³	预报最大3d洪量/10⁶m³	洪量误差/%	实测峰现时间（年-月-日时：分）	预报峰现时间（年-月-日时：分）	峰现时间误差（时段）
2012091214	2012-09-12 08：00	3868.6	3830	−1	411	386.83	−5.88	2012-09-12 14：00	2012-09-12 14：00	0
2013060620	2013-06-06 14：00	1753.5	1460	−16.74	233.27	216.2	−7.32	2013-06-06 20：00	2013-06-06 20：00	0
2013061002	2013-06-09 20：00	2232.7	2430	8.84	297.65	327.28	9.95	2013-06-10 02：00	2013-06-10 02：00	0
2013091014	2013-09-10 08：00	1769.1	1230	−30.47	349.8	208.83	−40.3	2013-09-10 14：00	2013-09-10 14：00	0
2014090214	2014-09-02 08：00	8070.4	8050	−0.25	745.25	814.97	9.36	2014-09-02 14：00	2014-09-02 14：00	0

　　根据天气预报情况，2013061002 次洪水预报时输入 2012 - 09 - 13 02：00：00 降雨量 1.0mm。

　　根据天气预报情况，2014091214 次洪水预报时输入 2014 - 09 - 02 14：00：00 降雨量 8mm。

　　除 2013091014 次洪水的预报精度不合格外，其余场次洪水 6h 时段方案的预报精度均

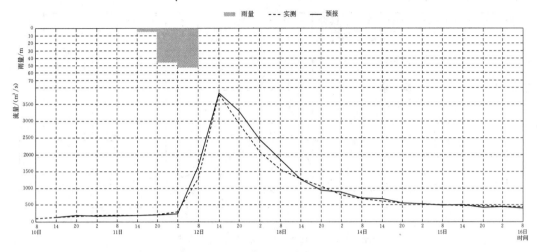

图 10.17　2012091214 洪水预报成果图

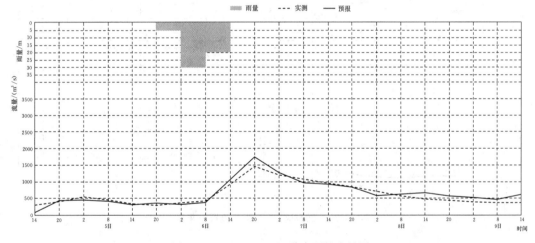

图 10.18　2013060620 洪水预报成果图

在合格范围内，对 2014090214 及 2012091214 两场较大洪水的预报精度较高，洪水过程拟合程度也较高。

10.5.1.4　系统运行总结

通过对试运行期 5 场洪水的预报成果还原，可以看出 1h 时段方案、3h 时段方案，6h 时段方案的预报精度均较高，可以满足实际运行的需要。同时需要指出的是，本书中提供的是场次洪水预报成果，在做场次洪水预报时，需要掌握未来流域降雨量、上游各水库的出库流量情况。在实际应用中，用户可以进行滚动预报，这样可以采用最新的流域雨水情资料，及时修正预报成果，提高预报精度。

10.5.2　正式运行阶段

系统在 2015 年汛期正式投运，投运以来，至 2017 年，采用 3h 时段预报方案共预报 11 场洪水，洪峰流量预报平均精度为 94.1%，预报精度较高。统计结果见表 10.30。

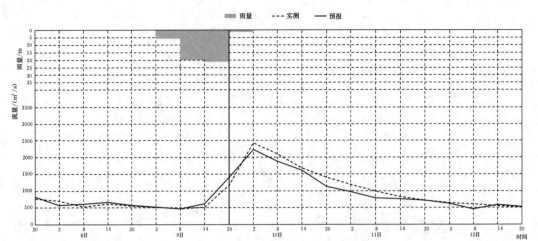

图 10.19　2013061002 洪水预报成果图

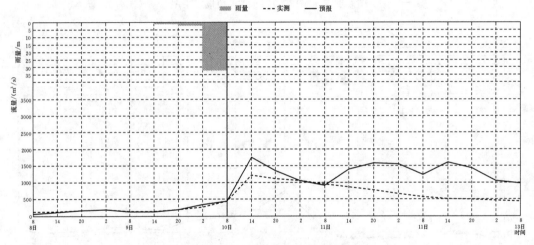

图 10.20　2013091014 洪水预报成果图

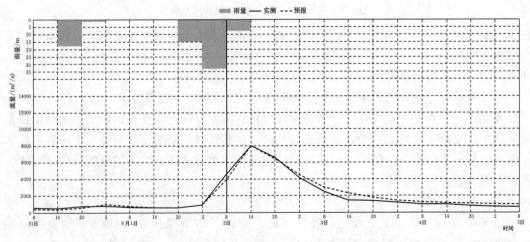

图 10.21　2014090214 洪水预报成果

表 10.30　　　　　　　　**2015—2017 年水布垭入库洪水预报洪峰误差统计表**

洪水编号	实测洪峰 /(m³/s)	预报洪峰 /(m³/s)	相对误差 /%	精度 /%
20150630	3470	3700	6.6	93.4
20160624	4850	4600	−5.2	94.8
20160701	6830	7160	4.8	95.2
20160719	13100	13500	3.1	96.9
20170708	4300	4200	−2.3	97.7
20170709	4460	4800	7.6	92.4
20170714	3360	3600	7.1	92.9
20170715	4340	4000	−7.8	92.2
20170716	3610	3400	−5.8	94.2
20171002	6710	7180	7.0	93.0
20171012	3080	3300	7.1	92.9

其中 2015—2017 年最大一场洪水为 20160719 号洪水，实测洪峰为 13100m³/s，模型预报 13500m³/s（保留 3 位有效数字），相对误差为 3.1%，预报精度为 96.9%。20160719 号洪水预报界面如图 10.22 所示。

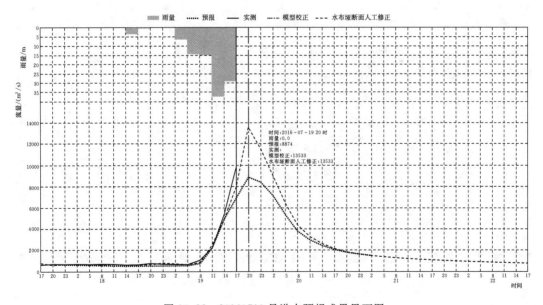

图 10.22　20160719 号洪水预报成果界面图

20160701 号洪水，实测洪峰为 6830m³/s，模型预报 7160m³/s，相对误差 4.8%，精度 95.2%。20160701 号洪水预报界面如图 10.23 所示。

20171002 号洪水实测洪峰为 6710m³/s，模型预报 7180m³/s，相对误差 7.0%，预报精度 93%。20171002 号洪水预报成果界面如图 10.24 所示。

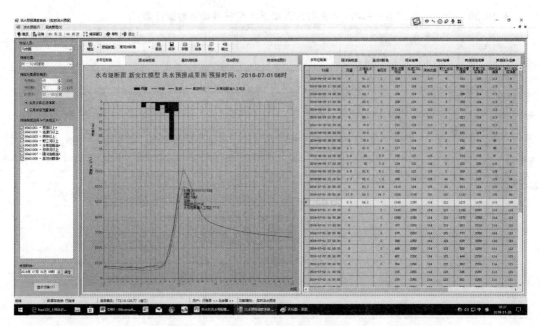

图 10.23　20160701 号洪水预报界面图

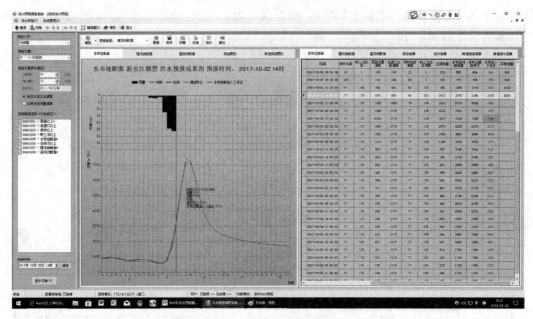

图 10.24　20171002 号洪水预报成果界面图

参 考 文 献

［1］ 章四龙. 洪水预报系统关键技术研究与实践［M］. 北京：中国水利水电出版社，2006.

［2］ 周建平，钱钢粮. 十三大水电基地的规划及其开发现状［J］. 中国水电 100 年 (1910—2010)，1-7.

［3］ 赵人俊. 流域水文模拟——新安江模型和陕北模型［M］. 北京：水利电力出版社，1984.

［4］ 水利部水文局，长江水利委员会水文局. 水文情报预报技术手册［M］. 北京：中国水利水电出版社，2010.

［5］ 胡和平，田富强. 物理性流域水文模型研究新进展［J］. 水利学报，2007，38 (5)：511-517.

［6］ 张恭肃，朱星明，杨小柳，等. 洪水预报系统［M］. 北京：水利电力出版社，1989.

［7］ 翟家瑞. 常用水文预报算法和计算程序［M］. 郑州：黄河水利出版社，1995.

［8］ Kuang Li, Guangyuan Kan, Liuqian Ding, Qianjin Dong, Kexin Liu, Liang Lili. A Novel Flood Forecasting Method Based on Initial State Variable Correction. Water, 2018, 10 (1), 12; doi: 10.3390/w10010012.

［9］ Wei Si, Weimin Bao, Hoshin V. Gupta. Updating real-time flood forecasts via the dynamic system response curve method［J］. Water Resources Research. 2015, 51 (7)：5128-5144. doi: 10.1002/2015WR017234.

［10］ 赵超，包为民. 遥测降雨观测资料中误差的抗差修正［J］. 人民长江，2004，(5)：32-33.

［11］ 李匡，朱成涛，胡宇丰，等. 施工期水位预报的水位系数法［J］. 中国水利水电科学研究院学报，2012 (12).

［12］ 钟平安. 流域实时防洪调度关键技术研究与应用［D］. 南京：河海大学，2006.

［13］ 朱成涛，何朝晖，丁义. 基于梯级水电开发的水文预报关键问题研究［J］. 人民长江，2013，44 (1)：4-6，25.

［14］ 毛学工，安波，骞德平，等. 雅砻江流域梯级电站水情自动测报系统［M］. 北京：中国水利水电出版社，2012.

［15］ 林三益. 水文预报 (第二版)［M］. 北京：中国水利水电出版社，2001.

［16］ 王佩兰，赵人俊. 新安江模型 (三水源) 参数的客观优选方法［J］. 河海大学学报，1989，17 (4)：65-69.

［17］ 张洪刚，郭生练，王才君，等. 概念性流域水文模型参数优选技术研究［J］. 武汉大学学报 (工学版)：2004，37 (3)：18-22.

［18］ 司伟，包为民，瞿思敏. 误差平方和目标函数在参数率定过程中遇到的问题［J］. 水电能源科学，2013，31 (8)：19-21.

［19］ 陆桂华，郦建强，赵鸣燕. 水文模型参数优选遗传算法的应用［J］. 水利学报，2004 (11)：85-90.

［20］ Shi Y, Eberhart R C. A modified particle swarm optimizer［C］. Proceedings of the IEEE Congress on Evolutionary Computation Anchorage, Alaska：IEEE Press, 1998.

［21］ Kennedy J, Eberhart R C. Particle Swarm Optimization［C］. Proceeding of IEEE International Conference on Neural Networks, USA：IEEE Press, 1995.

［22］ 段海滨. 蚁群算法原理及应用［M］. 北京：科学出版社，2005.

［23］ 刘苏宁，甘泓，魏国孝. 粒子群算法在新安江模型参数率定中的应用［J］. 水利学报，2010，41

(5)：537-541.

[24] 江燕，刘昌明，胡铁松，等. 新安江模型参数优选的改进粒子群算法 [J]. 水利学报，2007，38 (10)：1200-1206.

[25] GB/T 22482—2008，水文情报预报规范 [S].

[26] 詹道江，叶守泽. 工程水文学 [M]. 北京：中国水利水电出版社，2000.

[27] 包为民. 水文预报（第三版）[M]. 北京：中国水利水电出版社，2006.

[28] 雒文生，宋星原. 洪水预报与调度 [M]. 武汉：湖北科学技术出版社，2000.

[29] 李致家. 现代水文模拟与预报技术 [M]. 南京：河海大学出版社，2010.

[30] 刘可新. 产流误差系统响应修正方法改进研究 [D]. 南京：河海大学，2015.

[31] 简相超，郑君里. 混沌神经网络预测算法评价准则与性能分析 [J]. 清华大学学报（自然科学版），2001，41 (7)：43-46.

[32] 罗俊峰，郑君里，孙守宇. 混沌与神经网络相结合的预测算法及其应用 [J]. 电波科学学报，1999 (2)：7-12.

[33] 包为民，司伟，沈国华，等. 基于单位线反演的产流误差修正 [J]. 水科学进展，2012，23 (3)：315-322.

[34] Bao Weimin, Si Wei, Qu Simin. Flow Updating in Real-Time Flood Forecasting Based on Runoff Correction by a Dynamic System Response Curve [J]. JOURNAL OF HYDROLOGIC ENGINEERING, 2014. 19：747-756.

[35] 司伟，包为民，瞿思敏. 洪水预报产流误差的动态系统响应曲线修正方法 [J]. 水科学进展，2013，24 (4)：497-503.

[36] Si Wei, Bao Weimin, Wang Hongyan, Qu Simin. The research of rainfall error correction based on system reponse curve [C]. GBMCE2013. 335-339.

[37] 阚家骏，包为民. 产流误差的动态系统响应曲线修正方法应用 [J]. 2014，36 (6)：6-9.